VDI-Wasserdampftafeln

Mit einem Mollier (i, s)-Diagramm
auf einer besonderen Tafel

Herausgegeben vom Verein deutscher Ingenieure
und in dessen Auftrag bearbeitet von

Dr.-Ing. We. Koch † VDI

Dritte Auflage

Bearbeitet von

Ernst Schmidt

VDI, M. I. Mech. E. Dr.-Ing. habil. Dr. rer. nat. E. h.
o. Professor an der Technischen Hochschule Braunschweig

R. OLDENBOURG
MÜNCHEN

SPRINGER-VERLAG
BERLIN · GÖTTINGEN · HEIDELBERG

1952

Printed in Germany

Vorwort zur ersten Auflage.

Die umfangreichen Untersuchungen über die thermischen Eigenschaften des Wassers und Wasserdampfes haben ihren Niederschlag gefunden in den „Rahmentafeln", die von den internationalen Dampftafelkonferenzen[1] aufgestellt wurden. In ihnen sind die in den einzelnen Ländern (Deutschland, England, Tschechoslowakei und Vereinigte Staaten von Amerika) gewonnenen Versuchsergebnisse verarbeitet worden.

Nach dem derzeitigen Stand der Untersuchungen sind wesentliche Änderungen der Rahmentafeln wohl kaum mehr zu erwarten. Anderseits weisen die bisher im Gebrauch befindlichen Tafeln von *Mollier* und diejenigen von *Knoblauch, Raisch, Hausen* und *Koch* zum Teil verschiedenartige Abweichungen auf, die größer sind als die in den letzten Rahmentafeln angegebenen Toleranzen, jedoch ihre Begründung in den bei ihrer Bearbeitung zur Verfügung stehenden Grundlagen finden. Diese Tatsachen ließen eine Neubearbeitung und Zusammenfassung der beiden bisherigen Dampftafeln als gerechtfertigt und notwendig erscheinen.

Für die Entwicklung der Dampftafeln, die in absehbarer Zeit als abgeschlossen angesehen werden kann, gilt der Dank allen denen, die mit ihren umfangreichen und mit allen Mitteln neuzeitlicher Meßtechnik ausgeführten Untersuchungen die Grundlagen geschaffen haben. Insbesondere seien zwei Namen genannt: *Osc. Knoblauch*, der vor nunmehr über 30 Jahren die systematische Untersuchung des überhitzten Wasserdampfes in Angriff nahm und den Anforderungen der Technik entsprechend mit seinen Mitarbeitern weiterführte, und *R. Mollier*, der für die Bestimmung von Zustandsänderungen des Wasserdampfes mit dem von ihm erdachten *i, s*-Diagramm auf die einfachste Weise ermöglichte. Der Verein deutscher Ingenieure hat den Verdiensten *Molliers* (gest. am 13. März 1935) ein bleibendes Denkmal gesetzt durch den Beschluß vom 26. Mai 1936, die von *Mollier* zuerst vorgeschlagenen *i, s-, i, p-* und *i, x*-Diagramme als Mollierdiagramme zu bezeichnen.

Die vorliegenden, im Auftrage des Vereines deutscher Ingenieure bearbeiteten Zahlentafeln und Diagramme sind auf Grund der in den letzten Rahmentafeln enthaltenen Richtwerte berechnet worden. Eine Erweiterung gegenüber den bisher verwendeten Tafeln ist insofern eingetreten, als die Abstufungen beträchtlich verkleinert und weiterhin Werte für das Wasser unterhalb des Sättigungsdruckes neu aufgenommen wurden.

Neben dem Mollier (*i, s*)-Diagramm im bisher üblichen Maßstab ist noch ein solches im doppelten Maßstab entworfen worden; es ist gesondert erhältlich.

Dem Verein deutscher Ingenieure und den Verlagsbuchhandlungen bin ich für Bereitstellung von Mitteln für eine Hilfskraft zur Durchführung der umfangreichen Berechnungen zu Dank verpflichtet.

Berlin, im März 1937.

We. Koch.

Vorwort zur dritten Auflage.

Die Zahlentafeln und das Mollier-Diagramm sind im wesentlichen ein unveränderter Abdruck der 2. Auflage. In den Zahlentafeln wurden die Werte der Zustandsgrößen des kritischen Punktes hinzugefügt. Die Einführung ist den neuen internationalen Vereinbarungen über die grundlegenden Einheiten angepaßt und in der Fassung geändert, um die Ableitung der Formeln für die Enthalpie und Entropie aus der thermischen Zustandsgleichung und die thermodynamischen Beziehungen zwischen diesen Größen erkennen zu lassen. Die Konstanten dieser Formeln sind geringfügig berichtigt wegen des heute etwas anders angenommenen Zahlenwertes des mechanischen Äquivalentes der IT-Kalorie (426,939 mkg/kcal statt 426,99 in der ersten Auflage). Auf die Tabellenwerte und das Mollier-Diagramm wirkte sich diese Änderung wegen ihrer Kleinheit aber nicht aus.

Braunschweig, im August 1951.

Ernst Schmidt.

---

[1] Vgl. die Berichte über die Dampftafelkonferenzen: London, Z. VDI Bd. 73 (1929) S. 1856; Berlin, Z. VDI Bd. 75 (1931) S. 187; New York, Z. VDI Bd. 79 (1935) S. 1359. Auf die Anführung des umfangreichen Schrifttums über die einzelnen Untersuchungen soll hier verzichtet werden.

1*

Inhalt.

EINFÜHRUNG.

Bezeichnungen.

t = Temperatur in °C

$T = t + 273,16$ °C absolute Temperatur in °K

P = Druck in kg/m²

p = Druck in kg/cm²

v = spezifisches Volum in m³/kg

γ = spezifisches Gewicht in kg/m³

i = Enthalpie (früher Wärmeinhalt) in kcal/kg

r = Verdampfungswärme in kcal/kg

s = Entropie in kcal/kg grd

Die Zeiger ' und '' bezeichnen die Zustandsgrößen für Wasser und Dampf im Sättigungszustand.

Grundlegende Zahlenwerte und Vereinbarungen.

Der Eispunkt liegt in absoluter Skala bei 273,16 °K. Unter Kalorie und Kilokalorie (kcal) ist im folgenden stets die internationale Tafelkalorie (IT-Kalorie) verstanden, die auf den internationalen Dampftafelkonferenzen in London 1929 und New York 1934 vereinbart wurde, sie führt die Wärmeeinheit unmittelbar auf die elektrischen Energieeinheiten zurück. Nach Vereinbarung[1] ist.

$$1 \text{ kcal} = 1/860 \text{ internationale kWh} = 1/859,85 \text{ absolute kWh,}$$

für das mechanische Wärmeäquivalent gilt dann

$$1 \text{ kcal} = 426,939 \text{ mkg.}$$

Unter Kilogramm (kg) ist das Kraftkilogramm des technischen Maßsystems verstanden, das man auch als Kilopond (kp) bezeichnet, dabei ist

$$1 \text{ kg} = 980665 \text{ dyn,}$$

Für den Sättigungszustand bei 0 °C ist die Enthalpie i' und die Entropie s' des flüssigen Wassers gleich Null gesetzt.

Flüssiges Wasser.

Die in den Rahmentafeln[2] für eine Anzahl von Temperaturen und Drücken angegebenen Werte des spezifischen Volums und der Enthalpie reichen aus, um Zwischenwerte zu interpolieren und beide Zustandsgrößen als Funktionen von Temperatur und Druck darzustellen. Nur in der Nähe des kritischen Punktes muß auf die in ausreichender Zahl vorliegenden Meßwerte selbst zurückgegriffen werden.

Um die Entropie des flüssigen Wassers zu ermitteln, geht man aus von dem Differential der Entropie

$$\mathrm{d}s = \left(\frac{\partial s}{\partial P}\right)_T \mathrm{d}P + \left(\frac{\partial s}{\partial T}\right)_P \mathrm{d}T . \tag{1}$$

---

[1] Neuerdings führt man die elektrischen Grundeinheiten unmittelbar auf die mechanischen Energieeinheiten zurück, wobei 1 abs. kWh = 3600 Joule = 3600 · 10⁷ Erg ist.

[2] Rahmentafeln für Wasser und Wasserdampf nebst Erläuterungen Z. VDI Bd. 79 (1935) S. 1359.

Nun gilt bekanntlich[1] die Differentialgleichung

$$\left(\frac{\partial s}{\partial P}\right)_T = -\left(\frac{\partial v}{\partial T}\right)_P,$$ (2)

andererseits ist

$$T\left(\frac{\partial s}{\partial T}\right)_P dT = \left(\frac{\partial i}{\partial T}\right)_P dT,$$ (3)

weil bei konstantem Druck die reversibel zugeführte Wärme $T \cdot ds$ gleich der Enthalpieänderung di ist.

Damit ergibt sich

$$ds = -\left(\frac{\partial v}{\partial T}\right)_P dP + \left(\frac{\partial i}{\partial T}\right)_P \frac{dT}{T}.$$ (4)

Die Entropie beim Drucke P und der Temperatur T findet man durch Integrieren dieses Ausdruckes zunächst längs der 0 °C-Isotherme von P_0 bis P, wobei das zweite Glied der rechten Seite Null wird, und dann längs der Isobaren $P =$ konst. von 0 °C bis T, wobei rechts das erste Glied verschwindet. So erhält man

$$s = -\int_{P_0}^{P}\left(\frac{\partial v}{\partial T}\right)_P dP + \int_{0°C}^{T}\left(\frac{\partial i}{\partial T}\right)_P \frac{dT}{T},$$ (5)

wobei, wie gesagt, das erste Integral längs der 0 °C-Isotherme von P_0 bis P, das zweite längs der Isobaren $P =$ konst. von 0 °C bis T zu erstrecken ist. Die beiden Integrale wertet man am besten graphisch aus unter Benutzung der Werte der Rahmentafel für flüssiges Wasser.

Wasserdampf.

Zur Berechnung der Zustandsgrößen des Wasserdampfes diente die *Koch*sche Zustandsgleichung

$$v = \frac{RT}{P} - \frac{A}{\left(\frac{T}{100°}\right)^{2,82}} - P^2\left[\frac{B}{\left(\frac{T}{100°}\right)^{14}} + \frac{C}{\left(\frac{T}{100°}\right)^{31,6}}\right]$$ (6)

mit $R = 47,06 \frac{mkg}{kg \cdot grd} = 0,1102265 \frac{kcal}{kg \cdot grd}$

$A = 0,9172 \frac{m^3}{kg} = 2,1483 \cdot 10^{-3} \frac{kcal}{kg} \cdot \frac{m^2}{kg}$

$B = 1,3088 \cdot 10^{-4} \frac{m^3}{kg}\left(\frac{m^2}{kg}\right)^2 = 3,0655 \cdot 10^{-7} \frac{kcal}{kg}\left(\frac{m^2}{kg}\right)^3$

$C = 4,379 \cdot 10^7 \frac{m^3}{kg}\left(\frac{m^2}{kg}\right)^2 = 1,02567 \cdot 10^5 \frac{kcal}{kg}\left(\frac{m^2}{kg}\right)^3$

Die nach dieser Gleichung berechneten Werte liegen im technisch wichtigen Gebiet innerhalb der Toleranzen der Rahmentafeln. Nur in der Nähe des kritischen Punktes überschreiten sie die Toleranzen, da eine Zustandsgleichung vom ersten Grade in v das kritische Gebiet nicht richtig wiedergeben kann. Hier wurden die Versuchswerte graphisch interpoliert.

Für die Enthalpie als Funktion der einfachen Zustandsgrößen gilt die Differentialgleichung[1])

$$\left(\frac{\partial i}{\partial P}\right)_T = -T\left(\frac{\partial v}{\partial T}\right)_P + v.$$ (7)

Ihre Anwendung auf die *Koch*sche Zustandsgleichung und Integration längs der Isobaren $P = 0$ von 0 bis T und dann längs der Isotherme T von 0 bis P liefert:

$$i = i_0 - D\frac{P}{\left(\frac{T}{100°}\right)^{2,82}} - P^3\left[\frac{E}{\left(\frac{T}{100°}\right)^{14}} + \frac{F}{\left(\frac{T}{100°}\right)^{31,6}}\right],$$ (8)

wobei man die Enthalpie beim Drucke Null

$$i_0 = \int_0^T c_{p_0} dT = G + H\frac{T}{100°} - J\left(\frac{T}{100°}\right)^2 + K\left(\frac{T}{100°}\right)^3$$ (9)

[1] Vgl. z. B. *E. Schmidt*: Einführung in die Technische Thermodynamik, 4. Aufl. S. 220. Berlin: Springer 1950.

erhält durch Integration über die nur von der Temperatur, nicht vom Druck abhängige spezifische Wärme c_{p_0} im idealen Gaszustand

mit $\qquad G = 474,89\,\dfrac{\text{kcal}}{\text{kg}} \qquad H = 45,493\,\dfrac{\text{kcal}}{\text{kg}} \qquad I = 0,45757\,\dfrac{\text{kcal}}{\text{kg}} \qquad K = 0,0717\,\dfrac{\text{kcal}}{\text{kg}}.$

Unter Beachtung des Überganges von mkg auf kcal ist in (8)

$$D = 3,82 \cdot A = 0,0082066\,\frac{\text{kcal}}{\text{kg}} \cdot \frac{\text{m}^2}{\text{kg}}$$

$$E = 5 \cdot B = 1,5328 \cdot 10^{-6}\,\frac{\text{kcal}}{\text{kg}} \cdot \left(\frac{\text{m}^2}{\text{kg}}\right)^3$$

$$F = \frac{32,6}{3}\,C = 1,1146 \cdot 10^6\,\frac{\text{kcal}}{\text{kg}} \cdot \left(\frac{\text{m}^2}{\text{kg}}\right)^3.$$

Die Enthalpie i_0 beim Druck $P = 0$ ist so gewählt, daß die Enthalpie des überhitzten und insbesondere des gesättigten Dampfes möglichst genau den Werten der Rahmentafel entsprechen.

Für die Entropie ergibt die Anwendung der Gl. (2) auf die *Koch*sche Zustandsgleichung und ihre Integration den Ausdruck

$$s = s_0 - L \ln\left(\frac{P}{\frac{\text{kg}}{\text{m}^2}}\right) - M\frac{P}{\left(\frac{T}{100^0}\right)^{3,82}} - P^3\left[\frac{N}{\left(\frac{T}{100^0}\right)^{15}} + \frac{O}{\left(\frac{T}{100^0}\right)^{32,6}}\right], \tag{10}$$

wobei $\qquad s_0 = \displaystyle\int c_{p_0}\frac{\mathrm{d}T}{T} = Q + S \ln\left(\frac{T}{100^0}\right) - U\left(\frac{T}{100^0}\right) + V\left(\frac{T}{100^0}\right)^2 \tag{11}$

ist mit $\qquad Q = 2,20184\,\dfrac{\text{kcal}}{\text{kg} \cdot \text{grd}}$

$$S = \frac{H}{100^0} = 0,45499\,\frac{\text{kcal}}{\text{kg} \cdot \text{grd}}$$

$$U = 2\,\frac{I}{100^0} = 9,1524 \cdot 10^{-3}\,\frac{\text{kcal}}{\text{kg} \cdot \text{grd}}$$

$$V = \frac{3}{2}\,\frac{K}{100^0} = 1,0755 \cdot 10^{-3}\,\frac{\text{kcal}}{\text{kg} \cdot \text{grd}}$$

und $\qquad L = R = 0,1102265\,\dfrac{\text{kcal}}{\text{kg} \cdot \text{grd}}$

$$M = 2,82 \cdot \frac{A}{100^0} = 6,0583 \cdot 10^{-5}\,\frac{\text{kcal}}{\text{kg} \cdot \text{grd}} \cdot \frac{\text{m}^3}{\text{kg}}$$

$$N = \frac{14}{3}\,\frac{B}{100^0} = 1,43059 \cdot 10^{-8}\,\frac{\text{kcal}}{\text{kg} \cdot \text{grd}} \cdot \left(\frac{\text{m}^2}{\text{kg}}\right)^3$$

$$O = \frac{31,6}{3}\,\frac{C}{100^0} = 1,08034 \cdot 10^4\,\frac{\text{kcal}}{\text{kg} \cdot \text{grd}} \cdot \left(\frac{\text{m}^2}{\text{kg}}\right)^3.$$

Die Konstante Q ist so gewählt, daß Gl. (10) die Entropie s_0'' des gesättigten Dampfes bei 0^0 richtig wiedergibt. Dabei ergibt sich $s_0'' = r/T$ aus der gemessenen Verdampfungswärme r bei 0^0, weil die Entropie s_0' des gesättigten Wassers bei 0 °C vereinbarungsgemäß gleich Null ist.

Zahlentafeln und Mollier (i, s)-Diagramm.

Die Zahlentafeln I und II enthalten nach Temperaturen (I) und nach Drücken (II) geordnet die wichtigsten Zustandsgrößen des Sättigungszustandes. Zahlentafel III enthält Werte des Volums, der Enthalpie und der Entropie für Wasser und überhitzten Dampf.

Das beiliegende Mollier-Diagramm, in dem die Enthalpie als Funktion der Entropie aufgetragen ist, enthält außer den Isobaren und Isothermen auch Linien konstanten Volums (rot eingezeichnet) und im Naßdampfgebiet Linien konstanten Dampfgehaltes x.

Da das Papier des Diagramms Feuchtigkeits- und Temperatureinflüssen unterliegt, empfiehlt es sich, Enthalpie- und Entropiedifferenzen nicht mit einem Maßstab abzumessen, sondern mit Hilfe des eingedruckten Netzes abzulesen.

Tafel I. Sättigungszustand (Temperaturtafel).

t	T	p	v'	v''	γ''	i'	i''	r	s'	s''
0	273,16	0,006228	0,0010002	206,3	0,004846	0	597,2	597,2	0	2,1863
1	274,16	0,006694	0,0010001	192,7	0,005191	1,01	597,6	596,6	0,0037	2,1799
2	275,16	0,007193	0,0010001	180,0	0,005557	2,01	598,0	596,0	0,0073	2,1736
3	276,16	0,007723	0,0010000	168,2	0,005945	3,02	598,5	595,5	0,0110	2,1674
4	277,16	0,008289	0,0010000	157,3	0,006358	4,02	599,0	595,0	0,0146	2,1613
5	278,16	0,008890	0,0010000	147,2	0,006795	5,03	599,4	594,4	0,0182	2,1551
6	279,16	0,009530	0,0010001	137,8	0,007257	6,03	599,8	593,8	0,0218	2,1489
7	280,16	0,010210	0,0010001	129,1	0,007747	7,03	600,2	593,2	0,0254	2,1429
8	281,16	0,010932	0,0010002	121,0	0,008267	8,04	600,7	592,7	0,0290	2,1370
9	282,16	0,011699	0,0010003	113,4	0,008816	9,04	601,1	592,1	0,0326	2,1311
10	283,16	0,012513	0,0010004	106,4	0,009396	10,04	601,6	591,6	0,0361	2,1253
11	284,16	0,013376	0,0010005	99,92	0,01001	11,04	602,0	591,0	0,0396	2,1195
12	285,16	0,014291	0,0010006	93,85	0,01066	12,04	602,5	590,5	0,0431	2,1138
13	286,16	0,015261	0,0010007	88,19	0,01134	13,04	602,9	589,9	0,0466	2,1082
14	287,16	0,016289	0,0010008	82,91	0,01206	14,04	603,4	589,4	0,0501	2,1026
15	288,16	0,017376	0,0010010	77,99	0,01282	15,04	603,8	588,8	0,0536	2,0970
16	289,16	0,018527	0,0010012	73,39	0,01363	16,04	604,3	588,3	0,0571	2,0915
17	290,16	0,019745	0,0010013	69,10	0,01447	17,04	604,7	587,7	0,0605	2,0859
18	291,16	0,02103	0,0010015	65,10	0,01536	18,04	605,1	587,1	0,0639	2,0804
19	292,16	0,02239	0,0010016	61,35	0,01630	19,03	605,6	586,6	0,0673	2,0750
20	293,16	0,02383	0,0010018	57,84	0,01729	20,03	606,0	586,0	0,0708	2,0697
21	294,16	0,02534	0,0010021	54,56	0,01833	21,03	606,5	585,5	0,0742	2,0644
22	295,16	0,02694	0,0010023	51,49	0,01942	22,03	606,9	584,9	0,0776	2,0592
23	296,16	0,02863	0,0010025	48,63	0,02056	23,02	607,3	584,3	0,0809	2,0540
24	297,16	0,03041	0,0010028	45,94	0,02177	24,02	607,8	583,8	0,0843	2,0488
25	298,16	0,03229	0,0010030	43,41	0,02304	25,02	608,2	583,2	0,0876	2,0436
26	299,16	0,03426	0,0010033	41,04	0,02437	26,01	608,6	582,6	0,0910	2,0385
27	300,16	0,03634	0,0010036	38,82	0,02576	27,01	609,1	582,1	0,0943	2,0335
28	301,16	0,03853	0,0010039	36,73	0,02723	28,01	609,5	581,5	0,0976	2,0286
29	302,16	0,04083	0,0010042	34,77	0,02876	29,00	610,0	581,0	0,1009	2,0237
30	303,16	0,04325	0,0010044	32,93	0,03036	30,00	610,4	580,4	0,1042	2,0187
31	304,16	0,04580	0,0010048	31,20	0,03204	31,00	610,8	579,8	0,1075	2,0139
32	305,16	0,04847	0,0010051	29,58	0,03380	32,00	611,3	579,3	0,1108	2,0091
33	306,16	0,05128	0,0010054	28,05	0,03565	32,99	611,7	578,7	0,1140	2,0042
34	307,16	0,05423	0,0010058	26,61	0,03758	33,99	612,1	578,1	0,1173	1,9994
35	308,16	0,05733	0,0010061	25,25	0,03960	34,99	612,5	577,5	0,1205	1,9947
36	309,16	0,06057	0,0010065	23,97	0,04171	35,99	613,0	577,0	0,1238	1,9901
37	310,16	0,06398	0,0010068	22,77	0,04392	36,98	613,4	576,4	0,1270	1,9855
38	311,16	0,06755	0,0010072	21,63	0,04622	37,98	613,9	575,9	0,1302	1,9810
39	312,16	0,07129	0,0010075	20,56	0,04863	38,98	614,3	575,3	0,1334	1,9764
40	313,16	0,07520	0,0010079	19,55	0,05114	39,98	614,7	574,7	0,1366	1,9718
41	314,16	0,07930	0,0010083	18,60	0,05377	40,98	615,2	574,2	0,1398	1,9673
42	315,16	0,08360	0,0010087	17,70	0,05650	41,97	615,6	573,6	0,1429	1,9629
43	316,16	0,08809	0,0010091	16,85	0,05935	42,97	616,0	573,0	0,1461	1,9585
44	317,16	0,09279	0,0010095	16,04	0,06233	43,97	616,4	572,4	0,1493	1,9541
45	318,16	0,09771	0,0010099	15,28	0,06544	44,96	616,8	571,8	0,1524	1,9498
46	319,16	0,10284	0,0010103	14,56	0,06867	45,96	617,2	571,2	0,1555	1,9455
47	320,16	0,10821	0,0010108	13,88	0,07203	46,96	617,7	570,7	0,1586	1,9413
48	321,16	0,11382	0,0010112	13,24	0,07553	47,95	618,1	570,1	0,1617	1,9371
49	322,16	0,11967	0,0010116	12,63	0,07918	48,95	618,5	569,5	0,1648	1,9329
50	323,16	0,12578	0,0010121	12,05	0,08298	49,95	619,0	569,0	0,1679	1,9287
51	324,16	0,13216	0,0010125	11,50	0,08693	50,95	619,4	568,4	0,1710	1,9245
52	325,16	0,13881	0,0010130	10,98	0,09103	51,95	619,8	567,8	0,1741	1,9204
53	326,16	0,14575	0,0010135	10,49	0,09530	52,94	620,2	567,3	0,1771	1,9164
54	327,16	0,15298	0,0010140	10,02	0,09974	53,94	620,6	566,7	0,1802	1,9124

8

Tafel I. Sättigungszustand (Temperaturtafel) (Fortsetzung).

t	T	p	v'	v''	γ''	i'	i''	r	s'	s''
55	328,16	0,16051	0,0010145	9,584	0,1043	54,94	621,0	566,1	0,1833	1,9085
56	329,16	0,16835	0,0010150	9,164	0,1091	55,94	621,5	565,6	0,1863	1,9046
57	330,16	0,17653	0,0010155	8,764	0,1141	56,94	621,9	565,0	0,1894	1,9007
58	331,16	0,18504	0,0010160	8,385	0,1193	57,94	622,3	564,4	0,1924	1,8967
59	332,16	0,19390	0,0010166	8,025	0,1247	58,94	622,7	563,8	0,1954	1,8928
60	333,16	0,2031	0,0010171	7,682	0,1302	59,94	623,2	563,3	0,1984	1,8891
61	334,16	0,2127	0,0010177	7,356	0,1359	60,94	623,6	562,7	0,2014	1,8853
62	335,16	0,2227	0,0010182	7,046	0,1419	61,94	624,0	562,1	0,2044	1,8815
63	336,16	0,2330	0,0010187	6,752	0,1481	62,94	624,4	561,5	0,2074	1,8777
64	337,16	0,2438	0,0010193	6,473	0,1545	63,94	624,8	560,9	0,2103	1,8739
65	338,16	0,2550	0,0010199	6,206	0,1611	64,93	625,2	560,3	0,2133	1,8702
66	339,16	0,2666	0,0010204	5,951	0,1680	65,93	625,6	559,7	0,2162	1,8665
67	340,16	0,2787	0,0010210	5,709	0,1752	66,93	626,0	559,1	0,2192	1,8628
68	341,16	0,2912	0,0010216	5,478	0,1826	67,93	626,4	558,5	0,2221	1,8591
69	342,16	0,3042	0,0010222	5,258	0,1902	68,93	626,9	558,0	0,2250	1,8556
70	343,16	0,3177	0,0010228	5,049	0,1981	69,93	627,3	557,4	0,2280	1,8522
71	344,16	0,3317	0,0010234	4,849	0,2062	70,93	627,7	556,8	0,2309	1,8487
72	345,16	0,3463	0,0010240	4,658	0,2146	71,93	628,1	556,2	0,2338	1,8452
73	346,16	0,3613	0,0010246	4,476	0,2234	72,93	628,5	555,6	0,2367	1,8417
74	347,16	0,3769	0,0010252	4,302	0,2324	73,94	628,9	555,0	0,2396	1,8383
75	348,16	0,3931	0,0010258	4,136	0,2418	74,94	629,3	554,4	0,2425	1,8349
76	349,16	0,4098	0,0010264	3,977	0,2514	75,94	629,7	553,8	0,2453	1,8314
77	350,16	0,4272	0,0010270	3,826	0,2614	76,94	630,1	553,2	0,2482	1,8280
78	351,16	0,4451	0,0010277	3,681	0,2717	77,95	630,5	552,5	0,2511	1,8245
79	352,16	0,4637	0,0010283	3,543	0,2823	78,95	630,9	551,9	0,2539	1,8211
80	353,16	0,4829	0,0010290	3,410	0,2933	79,95	631,3	551,3	0,2567	1,8178
81	354,16	0,5028	0,0010296	3,283	0,3046	80,95	631,7	550,7	0,2596	1,8145
82	355,16	0,5234	0,0010303	3,162	0,3162	81,95	632,1	550,1	0,2624	1,8113
83	356,16	0,5447	0,0010310	3,047	0,3282	82,96	632,5	549,5	0,2652	1,8080
84	357,16	0,5667	0,0010316	2,936	0,3406	83,96	632,8	548,8	0,2680	1,8047
85	358,16	0,5894	0,0010323	2,830	0,3534	84,96	633,2	548,2	0,2708	1,8015
86	359,16	0,6129	0,0010330	2,728	0,3666	85,96	633,6	547,6	0,2736	1,7983
87	360,16	0,6372	0,0010337	2,630	0,3802	86,97	634,0	547,0	0,2764	1,7951
88	361,16	0,6623	0,0010344	2,537	0,3942	87,97	634,4	546,4	0,2792	1,7920
89	362,16	0,6882	0,0010352	2,447	0,4086	88,98	634,7	545,7	0,2820	1,7888
90	363,16	0,7149	0,0010359	2,361	0,4235	89,98	635,1	545,1	0,2848	1,7858
91	364,16	0,7425	0,0010366	2,279	0,4388	90,98	635,5	544,5	0,2875	1,7828
92	365,16	0,7710	0,0010373	2,200	0,4545	91,99	635,9	543,9	0,2903	1,7798
93	366,16	0,8004	0,0010381	2,124	0,4707	93,00	636,3	543,3	0,2930	1,7768
94	367,16	0,8307	0,0010389	2,051	0,4873	94,00	636,7	542,7	0,2958	1,7738
95	368,16	0,8619	0,0010396	1,981	0,5045	95,01	637,0	542,0	0,2985	1,7708
96	369,16	0,8942	0,0010404	1,914	0,5221	96,01	637,4	541,4	0,3012	1,7678
97	370,16	0,9274	0,0010412	1,851	0,5402	97,02	637,8	540,8	0,3040	1,7649
98	371,16	0,9616	0,0010419	1,789	0,5588	98,02	638,2	540,2	0,3067	1,7620
99	372,16	0,9969	0,0010427	1,730	0,5780	99,03	638,5	539,5	0,3094	1,7590
100	373,16	1,0332	0,0010435	1,673	0,5977	100,04	638,9	538,9	0,3121	1,7561
101	374,16	1,0707	0,0010443	1,618	0,6179	101,04	639,3	538,3	0,3148	1,7532
102	375,16	1,1092	0,0010451	1,565	0,6387	102,05	639,6	537,6	0,3175	1,7503
103	376,16	1,1489	0,0010458	1,515	0,6601	103,06	640,0	536,9	0,3201	1,7475
104	377,16	1,1898	0,0010466	1,466	0,6820	104,07	640,3	536,2	0,3228	1,7447
105	378,16	1,2318	0,0010474	1,419	0,7045	105,08	640,7	535,6	0,3255	1,7419
106	379,16	1,2751	0,0010482	1,374	0,7276	106,09	641,1	535,0	0,3282	1,7391
107	380,16	1,3196	0,0010490	1,331	0,7514	107,09	641,4	534,3	0,3308	1,7363
108	381,16	1,3654	0,0010498	1,289	0,7758	108,10	641,7	533,6	0,3335	1,7335
109	382,16	1,4125	0,0010507	1,249	0,8008	109,11	642,1	533,0	0,3361	1,7308

Tafel I. Sättigungszustand (Temperaturtafel) (Fortsetzung).

t	T	p	v'	v''	γ''	i'	i''	r	s'	s''
110	383,16	1,4609	0,0010515	1,210	0,8265	110,12	642,5	532,4	0,3387	1,7282
111	384,16	1,5106	0,0010523	1,173	0,8528	111,13	642,9	531,8	0,3414	1,7256
112	385,16	1,5618	0,0010531	1,137	0,8798	112,15	643,2	531,1	0,3440	1,7229
113	386,16	1,6144	0,0010540	1,102	0,9075	113,16	643,6	530,4	0,3466	1,7203
114	387,16	1,6684	0,0010549	1,068	0,9359	114,17	643,9	529,7	0,3493	1,7176
115	388,16	1,7239	0,0010558	1,036	0,9650	115,18	644,3	529,1	0,3519	1,7150
116	389,16	1,7809	0,0010566	1,005	0,9947	116,20	644,6	528,4	0,3545	1,7124
117	390,16	1,8394	0,0010575	0,9752	1,026	117,21	645,0	527,8	0,3571	1,7097
118	391,16	1,8995	0,0010584	0,9462	1,057	118,22	645,3	527,1	0,3596	1,7070
119	392,16	1,9612	0,0010593	0,9183	1,089	119,24	645,6	526,4	0,3622	1,7044
120	393,16	2,0245	0,0010603	0,8914	1,122	120,3	646,0	525,7	0,3647	1,7018
121	394,16	2,0895	0,0010612	0,8655	1,156	121,3	646,4	525,1	0,3673	1,6993
122	395,16	2,1561	0,0010621	0,8404	1,190	122,3	646,7	524,4	0,3699	1,6969
123	396,16	2,2245	0,0010631	0,8161	1,225	123,3	647,0	523,7	0,3724	1,6944
124	397,16	2,2947	0,0010640	0,7927	1,262	124,3	647,4	523,1	0,3750	1,6920
125	398,16	2,3666	0,0010650	0,7701	1,299	125,3	647,7	522,4	0,3775	1,6895
126	399,16	2,4404	0,0010659	0,7482	1,337	126,4	648,0	521,6	0,3800	1,6870
127	400,16	2,5160	0,0010669	0,7271	1,376	127,4	648,3	520,9	0,3826	1,6845
128	401,16	2,5935	0,0010678	0,7068	1,415	128,4	648,7	520,3	0,3851	1,6821
129	402,16	2,6730	0,0010687	0,6871	1,455	129,4	649,0	519,6	0,3876	1,6796
130	403,16	2,7544	0,0010697	0,6680	1,496	130,4	649,3	518,9	0,3901	1,6772
131	404,16	2,8378	0,0010706	0,6496	1,539	131,4	649,6	518,2	0,3926	1,6748
132	405,16	2,9233	0,0010716	0,6318	1,583	132,5	649,9	517,4	0,3951	1,6724
133	406,16	3,011	0,0010726	0,6146	1,628	133,5	650,2	516,7	0,3976	1,6700
134	407,16	3,101	0,0010736	0,5979	1,673	134,5	650,5	516,0	0,4001	1,6676
135	408,16	3,192	0,0010746	0,5817	1,719	135,5	650,8	515,3	0,4026	1,6652
136	409,16	3,286	0,0010757	0,5661	1,767	136,6	651,2	514,6	0,4051	1,6629
137	410,16	3,382	0,0010767	0,5510	1,815	137,6	651,5	513,9	0,4076	1,6606
138	411,16	3,481	0,0010777	0,5363	1,864	138,6	651,9	513,3	0,4101	1,6584
139	412,16	3,582	0,0010787	0,5221	1,915	139,6	652,2	512,6	0,4126	1,6561
140	413,16	3,685	0,0010798	0,5084	1,967	140,6	652,5	511,9	0,4150	1,6539
141	414,16	3,790	0,0010808	0,4951	2,020	141,7	652,8	511,1	0,4174	1,6516
142	415,16	3,898	0,0010819	0,4823	2,074	142,7	653,1	510,4	0,4199	1,6494
143	416,16	4,009	0,0010829	0,4698	2,129	143,7	653,4	509,7	0,4224	1,6472
144	417,16	4,122	0,0010839	0,4577	2,185	144,8	653,7	508,9	0,4248	1,6450
145	418,16	4,237	0,0010850	0,4459	2,243	145,8	654,0	508,2	0,4272	1,6428
146	419,16	4,355	0,0010861	0,4345	2,302	146,8	654,3	507,5	0,4297	1,6406
147	420,16	4,476	0,0010872	0,4235	2,362	147,8	654,6	506,8	0,4321	1,6384
148	421,16	4,599	0,0010884	0,4128	2,423	148,9	654,9	506,0	0,4346	1,6362
149	422,16	4,725	0,0010895	0,4024	2,485	149,9	655,2	505,3	0,4370	1,6341
150	423,16	4,854	0,0010906	0,3924	2,548	150,9	655,5	504,6	0,4395	1,6320
151	424,16	4,985	0,0010917	0,3827	2,613	151,9	655,8	503,9	0,4419	1,6299
152	425,16	5,120	0,0010928	0,3732	2,679	153,0	656,1	503,1	0,4444	1,6277
153	426,16	5,257	0,0010939	0,3640	2,747	154,0	656,4	502,4	0,4468	1,6256
154	427,16	5,397	0,0010951	0,3551	2,816	155,0	656,6	501,6	0,4492	1,6235
155	428,16	5,540	0,0010963	0,3464	2,887	156,1	656,9	500,8	0,4516	1,6214
156	429,16	5,686	0,0010974	0,3380	2,959	157,1	657,2	500,1	0,4540	1,6193
157	430,16	5,836	0,0010986	0,3298	3,032	158,2	657,5	499,3	0,4564	1,6173
158	431,16	5,989	0,0010997	0,3219	3,106	159,2	657,8	498,6	0,4589	1,6153
159	432,16	6,144	0,0011009	0,3142	3,182	160,2	658,1	497,9	0,4613	1,6133
160	433,16	6,302	0,0011021	0,3068	3,260	161,3	658,3	497,0	0,4637	1,6112
161	434,16	6,464	0,0011033	0,2995	3,339	162,3	658,6	496,3	0,4661	1,6092
162	435,16	6,630	0,0011045	0,2924	3,420	163,4	658,9	495,5	0,4685	1,6072
163	436,16	6,798	0,0011057	0,2856	3,502	164,4	659,1	494,7	0,4709	1,6052
164	437,16	6,970	0,0011069	0,2789	3,586	165,4	659,4	494,0	0,4733	1,6032

Tafel I. Sättigungszustand (Temperaturtafel) (Fortsetzung).

t	T	p	v'	v''	γ''	i'	i''	r	s'	s''
165	438,16	7,146	0,0011082	0,2724	3,671	166,5	659,6	493,1	0,4756	1,6012
166	439,16	7,325	0,0011094	0,2661	3,758	167,5	659,9	492,4	0,4780	1,5992
167	440,16	7,507	0,0011106	0,2600	3,847	168,5	660,1	491,6	0,4803	1,5973
168	441,16	7,693	0,0011118	0,2541	3,937	169,6	660,4	490,8	0,4827	1,5953
169	442,16	7,883	0,0011131	0,2483	4,028	170,6	660,7	490,1	0,4850	1,5934
170	443,16	8,076	0,0011144	0,2426	4,122	171,7	660,9	489,2	0,4874	1,5914
171	444,16	8,274	0,0011157	0,2371	4,217	172,7	661,1	488,4	0,4898	1,5895
172	445,16	8,475	0,0011170	0,2318	4,314	173,8	661,4	487,6	0,4921	1,5875
173	446,16	8,679	0,0011184	0,2266	4,413	174,8	661,6	486,8	0,4944	1,5856
174	447,16	8,888	0,0011197	0,2215	4,514	175,9	661,9	486,0	0,4968	1,5837
175	448,16	9,101	0,0011210	0,2166	4,617	176,9	662,1	485,2	0,4991	1,5818
176	449,16	9,317	0,0011223	0,2118	4,722	178,0	662,3	484,3	0,5014	1,5799
177	450,16	9,538	0,0011236	0,2071	4,828	179,0	662,6	483,6	0,5038	1,5780
178	451,16	9,763	0,0011249	0,2026	4,936	180,1	662,8	482,7	0,5061	1,5760
179	452,16	9,992	0,0011262	0,1982	5,045	181,1	663,0	481,9	0,5084	1,5741
180	453,16	10,225	0,0011275	0,1939	5,157	182,2	663,2	481,0	0,5107	1,5721
181	454,16	10,462	0,0011289	0,1897	5,271	183,2	663,4	480,2	0,5130	1,5702
182	455,16	10,703	0,0011303	0,1856	5,387	184,3	663,6	479,3	0,5153	1,5683
183	456,16	10,950	0,0011317	0,1816	5,506	185,4	663,8	478,4	0,5176	1,5665
184	457,16	11,201	0,0011331	0,1777	5,627	186,4	664,1	477,7	0,5199	1,5647
185	458,16	11,456	0,0011345	0,1739	5,749	187,5	664,3	476,8	0,5222	1,5629
186	459,16	11,715	0,0011358	0,1702	5,873	188,5	664,5	476,0	0,5245	1,5611
187	460,16	11,979	0,0011372	0,1667	5,999	189,6	664,7	475,1	0,5268	1,5593
188	461,16	12,248	0,0011386	0,1632	6,127	190,6	664,9	474,3	0,5290	1,5575
189	462,16	12,522	0,0011400	0,1598	6,258	191,7	665,1	473,4	0,5313	1,5556
190	463,16	12,800	0,0011415	0,1564	6,392	192,8	665,3	472,5	0,5336	1,5538
191	464,16	13,083	0,0011430	0,1532	6,528	193,8	665,5	471,7	0,5359	1,5520
192	465,16	13,371	0,0011445	0,1500	6,666	194,9	665,7	470,8	0,5381	1,5502
193	466,16	13,664	0,0011460	0,1469	6,806	196,0	665,8	469,8	0,5404	1,5484
194	467,16	13,962	0,0011475	0,1439	6,949	197,0	666,0	469,0	0,5427	1,5466
195	468,16	14,265	0,0011490	0,1410	7,094	198,1	666,2	468,1	0,5449	1,5448
196	469,16	14,573	0,0011505	0,1381	7,241	199,2	666,4	467,2	0,5472	1,5430
197	470,16	14,886	0,0011520	0,1353	7,390	200,2	666,5	466,3	0,5495	1,5412
198	471,16	15,204	0,0011535	0,1326	7,543	201,3	666,7	465,4	0,5517	1,5394
199	472,16	15,528	0,0011550	0,1299	7,699	202,4	666,8	464,4	0,5540	1,5376
200	473,16	15,857	0,0011565	0,1273	7,857	203,5	667,0	463,5	0,5562	1,5358
201	474,16	16,192	0,0011581	0,1247	8,018	204,5	667,1	462,6	0,5585	1,5341
202	475,16	16,532	0,0011597	0,1222	8,181	205,6	667,3	461,7	0,5607	1,5323
203	476,16	16,877	0,0011613	0,1198	8,347	206,7	667,4	460,7	0,5630	1,5305
204	477,16	17,228	0,0011629	0,1174	8,516	207,8	667,6	459,8	0,5653	1,5288
205	478,16	17,585	0,0011645	0,1151	8,687	208,9	667,7	458,8	0,5675	1,5270
206	479,16	17,948	0,0011661	0,1129	8,861	209,9	667,9	458,0	0,5698	1,5253
207	480,16	18,316	0,0011677	0,1107	9,038	211,0	668,0	457,0	0,5720	1,5236
208	481,16	18,690	0,0011693	0,1085	9,217	212,1	668,1	456,0	0,5743	1,5219
209	482,16	19,070	0,0011710	0,1064	9,400	213,2	668,2	455,0	0,5765	1,5202
210	483,16	19,456	0,0011726	0,1043	9,585	214,3	668,3	454,0	0,5788	1,5184
211	484,16	19,848	0,0011743	0,1023	9,774	215,4	668,4	453,0	0,5810	1,5167
212	485,16	20,246	0,0011760	0,1004	9,965	216,5	668,5	452,0	0,5832	1,5150
213	486,16	20,651	0,0011778	0,09842	10,16	217,6	668,6	451,0	0,5854	1,5133
214	487,16	21,061	0,0011795	0,09655	10,36	218,7	668,7	450,0	0,5876	1,5116
215	488,16	21,477	0,0011812	0,09472	10,56	219,8	668,8	449,0	0,5899	1,5099
216	489,16	21,901	0,0011829	0,09292	10,76	220,9	668,9	448,0	0,5921	1,5082
217	490,16	22,331	0,0011846	0,09116	10,97	222,0	669,0	447,0	0,5944	1,5064
218	491,16	22,767	0,0011864	0,08945	11,18	223,1	669,1	446,0	0,5966	1,5047
219	492,16	23,209	0,0011882	0,08778	11,39	224,2	669,2	445,0	0,5988	1,5029

Tafel I. Sättigungszustand (Temperaturtafel) (Fortsetzung).

t	T	p	v'	v''	γ''	i'	i''	r	s'	s''
220	493,16	23,659	0,0011900	0,08614	11,61	225,3	669,2	443,9	0,6010	1,5012
221	494,16	24,115	0,0011918	0,08453	11,83	226,4	669,3	442,9	0,6032	1,4995
222	495,16	24,577	0,0011936	0,08296	12,05	227,5	669,4	441,9	0,6054	1,4978
223	496,16	25,047	0,0011954	0,08142	12,28	228,6	669,4	440,8	0,6076	1,4960
224	497,16	25,523	0,0011973	0,07992	12,51	229,7	669,5	439,8	0,6098	1,4943
225	498,16	26,007	0,0011991	0,07845	12,75	230,8	669,5	438,7	0,6120	1,4926
226	499,16	26,497	0,0012010	0,07700	12,99	231,9	669,6	437,7	0,6141	1,4908
227	500,16	26,995	0,0012029	0,07559	13,23	233,0	669,6	436,6	0,6163	1,4891
228	501,16	27,499	0,0012049	0,07421	13,48	234,2	669,6	435,4	0,6185	1,4874
229	502,16	28,011	0,0012069	0,07285	13,73	235,3	669,6	434,3	0,6207	1,4857
230	503,16	28,531	0,0012088	0,07153	13,98	236,4	669,7	433,3	0,6229	1,4840
231	504,16	29,057	0,0012108	0,07023	14,24	237,5	669,7	432,2	0,6251	1,4823
232	505,16	29,591	0,0012127	0,06896	14,50	238,6	669,7	431,1	0,6273	1,4806
233	506,16	30,133	0,0012146	0,06772	14,77	239,8	669,7	429,9	0,6295	1,4789
234	507,16	30,682	0,0012166	0,06650	15,04	240,9	669,7	428,8	0,6317	1,4772
235	508,16	31,239	0,0012186	0,06530	15,31	242,1	669,7	427,6	0,6339	1,4755
236	509,16	31,803	0,0012206	0,06413	15,59	243,2	669,7	426,5	0,6361	1,4738
237	510,16	32,375	0,0012227	0,06299	15,87	244,3	669,7	425,4	0,6382	1,4720
238	511,16	32,955	0,0012248	0,06187	16,16	245,4	669,6	424,2	0,6404	1,4703
239	512,16	33,544	0,0012269	0,06077	16,45	246,6	669,6	423,0	0,6426	1,4686
240	513,16	34,140	0,0012291	0,05970	16,75	247,7	669,6	421,9	0,6448	1,4669
241	514,16	34,745	0,0012313	0,05865	17,05	248,9	669,6	420,7	0,6470	1,4652
242	515,16	35,357	0,0012335	0,05762	17,36	250,0	669,5	419,5	0,6492	1,4635
243	516,16	35,978	0,0012357	0,05661	17,67	251,2	669,5	418,3	0,6514	1,4618
244	517,16	36,607	0,0012378	0,05562	17,98	252,3	669,4	417,1	0,6536	1,4601
245	518,16	37,244	0,0012400	0,05465	18,30	253,5	669,4	415,9	0,6558	1,4584
246	519,16	37,890	0,0012422	0,05370	18,62	254,6	669,3	414,7	0,6580	1,4567
247	520,16	38,545	0,0012444	0,05276	18,95	255,8	669,2	413,4	0,6602	1,4550
248	521,16	39,208	0,0012466	0,05184	19,29	256,9	669,1	412,2	0,6623	1,4533
249	522,16	39,880	0,0012489	0,05094	19,63	258,1	669,1	411,0	0,6645	1,4516
250	523,16	40,56	0,0012512	0,05006	19,98	259,2	669,0	409,8	0,6667	1,4499
251	524,16	41,25	0,0012536	0,04920	20,33	260,4	668,9	408,5	0,6689	1,4481
252	525,16	41,95	0,0012559	0,04836	20,68	261,5	668,8	407,3	0,6710	1,4464
253	526,16	42,66	0,0012582	0,04753	21,04	262,7	668,7	406,0	0,6732	1,4447
254	527,16	43,37	0,0012605	0,04671	21,41	263,9	668,5	404,6	0,6754	1,4430
255	528,16	44,10	0,0012629	0,04591	21,78	265,0	668,4	403,4	0,6776	1,4413
256	529,16	44,83	0,0012654	0,04512	22,16	266,2	668,3	402,1	0,6798	1,4396
257	530,16	45,58	0,0012678	0,04435	22,55	267,4	668,1	400,7	0,6820	1,4378
258	531,16	46,33	0,0012703	0,04360	22,94	268,6	668,0	399,4	0,6842	1,4361
259	532,16	47,09	0,0012729	0,04286	23,34	269,8	667,9	398,1	0,6864	1,4344
260	533,16	47,87	0,0012755	0,04213	23,74	271,0	667,8	396,8	0,6886	1,4327
261	534,16	48,65	0,0012782	0,04142	24,15	272,2	667,6	395,4	0,6907	1,4309
262	535,16	49,44	0,0012808	0,04072	24,56	273,4	667,4	394,0	0,6929	1,4292
263	536,16	50,24	0,0012835	0,04003	24,98	274,6	667,2	392,6	0,6951	1,4275
264	537,16	51,05	0,0012862	0,03936	25,41	275,8	667,0	391,2	0,6973	1,4257
265	538,16	51,88	0,0012888	0,03870	25,84	277,0	666,9	389,9	0,6994	1,4240
266	539,16	52,71	0,0012915	0,03805	26,28	278,2	666,7	388,5	0,7016	1,4222
267	540,16	53,55	0,0012942	0,03741	26,73	279,4	666,5	387,1	0,7038	1,4205
268	541,16	54,40	0,0012969	0,03679	27,18	280,6	666,3	385,7	0,7060	1,4188
269	542,16	55,26	0,0012996	0,03617	27,64	281,8	666,1	384,3	0,7081	1,4170
270	543,16	56,14	0,0013023	0,03557	28,11	283,0	665,9	382,9	0,7103	1,4153
271	544,16	57,02	0,0013052	0,03498	28,59	284,2	665,7	381,5	0,7125	1,4136
272	545,16	57,91	0,0013081	0,03440	29,07	285,4	665,5	380,1	0,7147	1,4118
273	546,16	58,82	0,0013110	0,03383	29,56	286,7	665,3	378,6	0,7169	1,4101
274	547,16	59,73	0,0013139	0,03327	30,06	287,9	665,0	377,1	0,7190	1,4083

Tafel I. Sättigungszustand (Temperaturtafel) (Fortsetzung).

t	T	p	v'	v''	γ''	i'	i''	r	s'	s''
275	548,16	60,66	0,0013169	0,03272	30,57	289,2	664,8	375,6	0,7212	1,4066
276	549,16	61,60	0,0013199	0,03218	31,09	290,4	664,5	374,1	0,7234	1,4048
277	550,16	62,55	0,0013230	0,03164	31,61	291,7	664,3	372,6	0,7256	1,4031
278	551,16	63,51	0,0013260	0,03111	32,14	292,9	664,0	371,1	0,7278	1,4013
279	552,16	64,48	0,0013290	0,03060	32,68	294,1	663,8	369,7	0,7300	1,3996
280	553,16	65,46	0,0013321	0,03010	33,22	295,3	663,5	368,2	0,7321	1,3978
281	554,16	66,45	0,0013353	0,02961	33,77	296,5	663,2	366,7	0,7343	1,3960
282	555,16	67,46	0,0013385	0,02912	34,34	297,7	662,9	365,2	0,7365	1,3942
283	556,16	68,47	0,0013418	0,02864	34,92	299,0	662,6	363,6	0,7387	1,3924
284	557,16	69,50	0,0013451	0,02817	35,50	300,3	662,2	361,9	0,7409	1,3906
285	558,16	70,54	0,0013484	0,02771	36,09	301,6	661,9	360,3	0,7431	1,3888
286	559,16	71,59	0,0013517	0,02726	36,69	302,9	661,6	358,7	0,7453	1,3870
287	560,16	72,65	0,0013551	0,02681	37,30	304,1	661,2	357,1	0,7476	1,3852
288	561,16	73,73	0,0013586	0,02637	37,92	305,4	660,9	355,5	0,7498	1,3834
289	562,16	74,82	0,0013610	0,02594	38,55	306,7	660,5	353,8	0,7520	1,3816
290	563,16	75,92	0,0013655	0,02552	39,18	308,0	660,2	352,2	0,7542	1,3797
291	564,16	77,03	0,0013690	0,02510	39,83	309,3	659,9	350,6	0,7564	1,3779
292	565,16	78,15	0,0013726	0,02469	40,50	310,5	659,5	349,0	0,7587	1,3761
293	566,16	79,29	0,0013762	0,02428	41,18	311,8	659,1	347,3	0,7609	1,3743
294	567,16	80,44	0,0013799	0,02389	41,86	313,1	658,7	345,6	0,7631	1,3724
295	568,16	81,60	0,0013837	0,02350	42,56	314,4	658,3	343,9	0,7653	1,3706
296	569,16	82,78	0,0013875	0,02311	43,27	315,7	657,9	342,2	0,7676	1,3688
297	570,16	83,97	0,0013916	0,02273	43,99	317,0	657,5	340,5	0,7698	1,3669
298	571,16	85,17	0,0013956	0,02236	44,73	318,3	657,0	338,7	0,7721	1,3651
299	572,16	86,38	0,0013995	0,02199	45,48	319,7	656,5	336,8	0,7744	1,3632
300	573,16	87,61	0,0014036	0,02163	46,24	321,0	656,1	335,1	0,7767	1,3613
301	574,16	88,85	0,001408	0,02128	47,00	322,3	655,6	333,3	0,7789	1,3593
302	575,16	90,11	0,001412	0,02093	47,78	323,7	655,1	331,4	0,7812	1,3574
303	576,16	91,38	0,001416	0,02059	48,57	325,0	654,6	329,6	0,7835	1,3555
304	577,16	92,66	0,001421	0,02025	49,38	326,4	654,1	327,7	0,7857	1,3535
305	578,16	93 95	0,001425	0,01991	50,22	327,7	653,6	325,9	0,7880	1,3516
306	579,16	95,26	0,001429	0,01958	51,08	329,1	653,0	323,9	0,7903	1,3496
307	580,16	96 59	0,001434	0,01925	51,96	330,5	652,5	322,0	0,7926	1,3476
308	581,16	97,93	0,001438	0,01893	52,84	331,9	651,9	320,0	0,7949	1,3456
309	582,16	99,28	0,001443	0,01861	53,73	333,2	651,4	318,2	0,7971	1,3435
310	583,16	100,64	0,001448	0,01830	54,64	334,6	650,8	316,2	0,7994	1,3415
311	584,16	102,02	0,001452	0,01800	55,56	336,0	650,2	314,2	0,8017	1,3395
312	585,16	103,42	0,001457	0,01770	56,50	337,4	649,6	312,2	0,8040	1,3374
313	586,16	104,83	0,001462	0,01740	57,47	338,9	649,0	310,1	0,8064	1,3354
314	587,16	106,25	0,001467	0,01711	58,45	340,3	648,4	308,1	0,8087	1,3333
315	588,16	107,69	0,001472	0,01682	59,46	341,7	647,8	306,1	0,8110	1,3312
316	589,16	109,15	0,001477	0,01653	60,49	343,2	647,1	303,9	0,8134	1,3291
317	590,16	110,62	0,001482	0,01625	61,54	344,7	646,4	301,7	0,8157	1,3270
318	591,16	112,11	0,001488	0,01597	62,61	346,1	645,7	299,6	0,8181	1,3249
319	592,16	113,61	0,001493	0,01570	63,69	347,5	645,0	297,5	0,8205	1,3228
320	593,16	115,13	0,001499	0,01544	64,79	349,0	644,2	295,2	0,8229	1,3206
321	594,16	116,66	0,001505	0,01517	65,91	350,5	643,5	293,0	0,8253	1,3184
322	595,16	118,21	0,001511	0,01491	67,06	352,0	642,8	290,8	0,8278	1,3163
323	596,16	119,77	0,001517	0,01465	68,24	353,5	642,0	288,5	0,8302	1,3141
324	597,16	121,35	0,001523	0,01440	69,45	355,0	641,2	286,2	0,8326	1,3119
325	598,16	122,95	0,001529	0,01415	70,68	356,5	640,4	283,9	0,8351	1,3097
326	599,16	124,56	0,001536	0,01391	71,93	358,1	639,5	281,4	0,8375	1,3074
327	600,16	126,19	0,001542	0,01367	73,20	359,6	638,7	279,1	0,8400	1,3051
328	601,16	127,84	0,001548	0,01343	74,50	361,1	637,8	276,7	0,8425	1,3028
329	602,16	129,50	0,001555	0,01319	75,83	362,7	636,9	274,2	0,8450	1,3005

Tafel I. Sättigungszustand (Temperaturtafel) (Fortsetzung).

t	T	p	v'	v''	γ''	i'	i''	r	s'	s''
330	603,16	131,18	0,001562	0,01295	77,20	364,2	636,0	271,8	0,8476	1,2982
331	604,16	132,88	0,001569	0,01272	78,60	365,8	635,1	269,3	0,8501	1,2959
332	605,16	134,59	0,001576	0,01249	80,03	367,4	634,1	266,7	0,8527	1,2935
333	606,16	136,33	0,001583	0,01227	81,49	369,0	633,1	264,1	0,8552	1,2910
334	607,16	138,08	0,001591	0,01205	83,00	370,6	632,1	261,5	0,8578	1,2885
335	608,16	139,85	0,001598	0,01183	84,55	372,3	631,1	258,8	0,8604	1,2860
336	609,16	141,63	0,001606	0,01161	86,14	373,9	630,0	256,1	0,8630	1,2834
337	610,16	143,44	0,001614	0,01140	87,76	375,6	629,0	253,4	0,8656	1,2808
338	611,16	145,26	0,001623	0,01118	89,42	377,3	627,9	250,6	0,8682	1,2782
339	612,16	147,10	0,001632	0,01097	91,13	379,0	626,8	247,8	0,8708	1,2765
340	613,16	148,96	0,001641	0,01076	92,90	380,7	625,6	244,9	0,8734	1,2728
341	614,16	150,84	0,001651	0,01056	94,72	382,4	624,4	242,0	0,8761	1,2701
342	615,16	152,73	0,001661	0,01036	96,57	384,2	623,2	239,0	0,8788	1,2673
343	616,16	154,65	0,001671	0,01016	98,46	386,0	621,9	235,9	0,8816	1,2644
344	617,16	156,59	0,001682	0,009956	100,4	387,8	620,6	232,8	0,8843	1,2615
345	618,16	158,54	0,001692	0,009759	102,4	389,6	619,3	229,7	0,8871	1,2586
346	619,16	160,52	0,001702	0,009565	104,5	391,4	617,9	226,5	0,8899	1,2556
347	620,16	162,52	0,001713	0,009372	106,7	393,2	616,5	223,3	0,8928	1,2526
348	621,16	164,53	0,001724	0,009181	108,9	395,1	615,0	219,9	0,8956	1,2495
349	622,16	166,57	0,001736	0,008991	111,2	397,0	613,5	216,5	0,8985	1,2464
350	623,16	168,63	0,001747	0,008803	113,6	398,9	611,9	213,0	0,9015	1,2433
351	624,16	170,71	0,001759	0,008615	116,1	400,9	610,2	209,3	0,9045	1,2400
352	625,16	172,81	0,001772	0,008429	118,6	403,0	608,5	205,5	0,9076	1,2367
353	626,16	174,93	0,001785	0,008244	121,3	405,1	606,8	201,7	0,9107	1,2333
354	627,16	177,07	0,001799	0,008059	124,1	407,3	605,0	197,7	0,9139	1,2298
355	628,16	179,24	0,001814	0,007875	127,0	409,5	603,2	193,7	0,9173	1,2263
356	629,16	181,43	0,001830	0,007691	130,0	411,7	601,3	189,6	0,9208	1,2228
357	630,16	183,64	0,001847	0,007508	133,2	413,9	599,3	185,4	0,9244	1,2192
358	631,16	185,88	0,001865	0,007326	136,5	416,2	597,2	181,0	0,9280	1,2154
359	632,16	188,13	0,001885	0,007144	140,0	418,5	595,1	176,6	0,9316	1,2113
360	633,16	190,42	0,001907	0,006963	143,6	420,9	592,8	171,9	0,9353	1,2072
361	634,16	192,72	0,001929	0,00679	147,4	423,4	590,4	167,0	0,9391	1,2029
362	635,16	195,06	0,001953	0,00661	151,4	425,9	588,0	162,1	0,9429	1,1984
363	636,16	197,41	0,001978	0,00643	155,5	428,5	585,4	156,9	0,9469	1,1937
364	637,16	199,80	0,00201	0,00625	160,0	431,3	582,6	151,3	0,9510	1,1887
365	638,16	202,21	0,00203	0,00606	165,0	434,2	579,6	145,4	0,9553	1,1833
366	639,16	204,64	0,00206	0,00587	170,5	437,3	576,3	139,0	0,9599	1,1774
367	640,16	207,11	0,00209	0,00567	176,5	440,6	572,8	132,2	0,9650	1,1712
368	641,16	209,60	0,00213	0,00546	183,2	444,1	568,8	124,5	0,9706	1,1646
369	642,16	212,12	0,00218	0,00524	190,9	447,9	564,4	116,3	0,9768	1,1578
370	643,16	214,68	0,00223	0,00500	200	452,3	559,3	107,0	0,9842	1,1506
371	644,16	217,3	0,00230	0,00476	210	457	554	97	0,992	1,142
372	645,16	219,9	0,00238	0,00450	222	463	547	84	1,002	1,132
373	646,16	222,5	0,00250	0,00418	239	471	539	68	1,011	1,116
374	647,16	225,2	0,00279	0,00365	274	488	518	30	1,04	1,08
374,1	647,3	225,4	0,00314		319	502		0	1,058	

Kritische Daten:

Temperatur . . 374,2°
Druck . . . . . 225,5 kg/cm²
Spez. Volumen 0,00307 m³/kg

Tafel II. Sättigungszustand (Drucktafel).

p	t	v'	v''	γ''	i'	i''	r	s'	s''
0,010	6,698	0,0010001	131,7	0,007595	6,73	600,1	593,4	0,0243	2,1447
0,015	12,737	0,0010007	89,64	0,01116	12,78	602,8	590,0	0,0457	2,1096
0,020	17,204	0,0010013	68,27	0,01465	17,24	604,8	587,6	0,0612	2,0847
0,025	20,776	0,0010020	55,28	0,01809	20,80	606,4	585,6	0,0735	2,0655
0,030	23,772	0,0010027	46,53	0,02149	23,79	607,7	583,9	0,0836	2,0499
0,035	26,359	0,0010034	40,23	0,02486	26,37	608,8	582,4	0,0923	2,0366
0,040	28,641	0,0010041	35,46	0,02820	28,65	609,8	581,1	0,0998	2,0253
0,045	30,69	0,0010047	31,73	0,03152	30,69	610,7	580,0	0,1065	2,0153
0,050	32,55	0,0010053	28,73	0,03481	32,55	611,5	578,9	0,1126	2,0064
0,055	34,25	0,0010059	26,26	0,03808	34,24	612,2	578,0	0,1181	1,9982
0,060	35,82	0,0010064	24,19	0,04134	35,81	612,9	577,1	0,1232	1,9908
0,065	37,29	0,0010069	22,43	0,04458	37,27	613,5	576,2	0,1280	1,9841
0,070	38,66	0,0010074	20,92	0,04780	38,64	614,1	575,5	0,1324	1,9779
0,075	39,95	0,0010079	19,60	0,05101	39,93	614,7	574,8	0,1363	1,9720
0,080	41,16	0,0010084	18,45	0,05421	41,14	615,2	574,1	0,1402	1,9664
0,085	42,32	0,0010088	17,43	0,05739	42,29	615,7	573,4	0,1439	1,9612
0,090	43,41	0,0010093	16,51	0,06056	43,38	616,2	572,8	0,1474	1,9564
0,095	44,46	0,0010097	15,69	0,06372	44,42	616,6	572,2	0,1507	1,9520
0,10	45,45	0,0010101	14,95	0,06688	45,41	617,0	571,6	0,1538	1,9478
0,11	47,33	0,0010108	13,67	0,07315	47,29	617,8	570,5	0,1596	1,9399
0,12	49,06	0,0010116	12,60	0,07938	49,01	618,5	569,5	0,1650	1,9326
0,13	50,67	0,0010123	11,68	0,08559	50,62	619,2	568,6	0,1700	1,9259
0,14	52,18	0,0010130	10,89	0,09177	52,13	619,9	567,8	0,1747	1,9197
0,15	53,60	0,0010137	10,21	0,09791	53,54	620,5	567,0	0,1790	1,9140
0,16	54,94	0,0010144	9,612	0,1040	54,88	621,1	566,2	0,1831	1,9087
0,17	56,21	0,0010151	9,080	0,1101	56,16	621,6	565,4	0,1869	1,9037
0,18	57,41	0,0010157	8,605	0,1162	57,36	622,1	564,7	0,1906	1,8990
0,19	58,57	0,0010164	8,179	0,1222	58,51	622,6	564,1	0,1941	1,8945
0,20	59,67	0,0010170	7,795	0,1283	59,61	623,1	563,5	0,1974	1,8903
0,21	60,72	0,0010175	7,446	0,1343	60,66	623,5	562,8	0,2006	1,8864
0,22	61,74	0,0010181	7,128	0,1403	61,67	623,9	562,2	0,2036	1,8826
0,23	62,71	0,0010186	6,836	0,1463	62,64	624,3	561,7	0,2065	1,8789
0,24	63,65	0,0010191	6,568	0,1523	63,58	624,7	561,1	0,2093	1,8753
0,25	64,56	0,0010196	6,322	0,1582	64,49	625,1	560,6	0,2120	1,8718
0,26	65,44	0,0010201	6,094	0,1641	65,37	625,4	560,0	0,2146	1,8685
0,27	66,29	0,0010206	5,882	0,1700	66,22	625,8	559,6	0,2171	1,8654
0,28	67,11	0,0010211	5,684	0,1759	67,04	626,1	559,1	0,2195	1,8624
0,29	67,91	0,0010216	5,500	0,1818	67,84	626,5	558,7	0,2118	1,8595
0,30	68,68	0,0010221	5,328	0,1877	68,61	626,8	558,2	0,2241	1,8567
0,32	70,16	0,0010229	5,015	0,1994	70,09	627,4	557,3	0,2285	1,8516
0,34	71,57	0,0010238	4,738	0,2111	71,50	627,9	556,4	0,2326	1,8467
0,36	72,91	0,0010246	4,491	0,2227	72,85	628,5	555,6	0,2365	1,8420
0,38	74,19	0,0010253	4,269	0,2342	74,13	629,0	554,9	0,2402	1,8376
0,40	75,42	0,0010261	4,069	0,2458	75,36	629,5	554,1	0,2437	1,8334
0,45	78,27	0,0010279	3,643	0,2745	78,22	630,6	552,4	0,2518	1,8237
0,50	80,86	0,0010296	3,301	0,3029	80,81	631,6	550,8	0,2592	1,8150
0,55	83,25	0,0010312	3,019	0,3312	83,20	632,5	549,3	0,2659	1,8072
0,60	85,45	0,0010326	2,783	0,3594	85,41	633,4	548,0	0,2721	1,8001
0,65	87,51	0,0010341	2,582	0,3874	87,48	634,2	546,7	0,2778	1,7935
0,70	89,45	0,0010355	2,409	0,4152	89,43	634,9	545,5	0,2832	1,7874
0,75	91,27	0,0010368	2,258	0,4429	91,26	635,6	544,3	0,2882	1,7818
0,80	92,99	0,0010381	2,125	0,4705	92,99	636,2	543,2	0,2930	1,7767
0,85	94,62	0,0010393	2,008	0,4980	94,63	636,8	542,2	0,2975	1,7719
0,90	96,18	0,0010405	1,904	0,5253	96,19	637,4	541,2	0,3018	1,7673
0,95	97,66	0,0010417	1,810	0,5525	97,68	638,0	540,3	0,3058	1,7629

15

Tafel II. Sättigungszustand (Drucktafel) (Fortsetzung).

p	t	v'	v''	γ''	i'	i''	r	s'	s''
1,0	99,09	0,0010428	1,725	0,5797	99,12	638,5	539,4	0,3096	1,7587
1,1	101,76	0,0010449	1,578	0,6337	101,81	639,4	537,6	0,3168	1,7510
1,2	104,25	0,0010468	1,455	0,6875	104,32	640,3	536,0	0,3235	1,7440
1,3	106,56	0,0010487	1,350	0,7410	106,66	641,2	534,5	0,3297	1,7375
1,4	108,74	0,0010504	1,259	0,7942	108,85	642,0	533,1	0,3354	1,7315
1,5	110,79	0,0010521	1,180	0,8472	110,92	642,8	531,9	0,3408	1,7260
1,6	112,73	0,0010537	1,111	0,8999	112,89	643,5	530,6	0,3459	1,7209
1,7	114,57	0,0010553	1,050	0,9524	114,76	644,1	529,3	0,3508	1,7161
1,8	116,33	0,0010569	0,9952	1,005	116,54	644,7	528,2	0,3554	1,7115
1,9	118,01	0,0010584	0,9460	1,057	118,24	645,3	527,1	0,3597	1,7071
2,0	119,62	0,0010599	0,9016	1,109	119,87	645,8	525,9	0,3638	1,7029
2,1	121,16	0,0010614	0,8613	1,161	121,4	646,3	524,9	0,3677	1,6989
2,2	122,65	0,0010628	0,8246	1,213	122,9	646,8	523,9	0,3715	1,6952
2,3	124,08	0,0010641	0,7910	1,264	124,4	647,3	522,9	0,3751	1,6917
2,4	125,46	0,0010654	0,7601	1,316	125,8	647,8	522,0	0,3786	1,6884
2,5	126,79	0,0010666	0,7316	1,367	127,2	648,3	521,1	0,3820	1,6851
2,6	128,08	0,0010678	0,7052	1,418	128,5	648,7	520,2	0,3853	1,6819
2,7	129,34	0,0010690	0,6806	1,469	129,8	649,1	519,3	0,3884	1,6788
2,8	130,55	0,0010701	0,6578	1,520	131,0	649,5	518,5	0,3914	1,6759
2,9	131,73	0,0010713	0,6365	1,571	132,2	649,9	517,7	0,3944	1,6730
3,0	132,88	0,0010725	0,6166	1,622	133,4	650,3	516,9	0,3973	1,6703
3,1	134,00	0,0010736	0,5979	1,673	134,5	650,6	516,1	0,4001	1,6676
3,2	135,08	0,0010747	0,5804	1,723	135,6	650,9	515,3	0,4028	1,6650
3,3	136,14	0,0010758	0,5639	1,773	136,7	651,2	514,5	0,4055	1,6625
3,4	137,18	0,0010769	0,5483	1,824	137,8	651,6	513,8	0,4081	1,6601
3,5	138,19	0,0010780	0,5335	1,874	138,8	651,9	513,1	0,4106	1,6579
3,6	139,18	0,0010790	0,5196	1,925	139,8	652,2	512,4	0,4130	1,6557
3,7	140,15	0,0010799	0,5064	1,975	140,8	652,5	511,7	0,4153	1,6536
3,8	141,09	0,0010809	0,4939	2,025	141,8	652,8	511,0	0,4176	1,6514
3,9	142,02	0,0010818	0,4820	2,075	142,7	653,1	510,4	0,4199	1,6494
4,0	142,92	0,0010828	0,4706	2,125	143,6	653,4	509,8	0,4221	1,6474
4,1	143,81	0,0010837	0,4598	2,175	144,5	653,7	509,2	0,4243	1,6454
4,2	144,68	0,0010846	0,4495	2,225	145,4	653,9	508,5	0,4264	1,6435
4,3	145,54	0,0010856	0,4397	2,274	146,3	654,2	507,9	0,4285	1,6416
4,4	146,38	0,0010865	0,4303	2,324	147,2	654,4	507,2	0,4306	1,6398
4,5	147,20	0,0010875	0,4213	2,374	148,0	654,7	506,7	0,4326	1,6380
4,6	148,01	0,0010884	0,4127	2,423	148,9	654,9	506,0	0,4346	1,6362
4,7	148,81	0,0010893	0,4045	2,472	149,7	655,2	505,5	0,4365	1,6345
4,8	149,59	0,0010901	0,3965	2,522	150,5	655,4	504,9	0,4384	1,6329
4,9	150,36	0,0010910	0,3889	2,571	151,3	655,6	504,3	0,4403	1,6313
5,0	151,11	0,0010918	0,3816	2,621	152,1	655,8	503,7	0,4422	1,6297
5,2	152,59	0,0010935	0,3677	2,720	153,6	656,3	502,7	0,4458	1,6265
5,4	154,02	0,0010952	0,3549	2,818	155,1	656,7	501,6	0,4493	1,6234
5,6	155,41	0,0010968	0,3429	2,916	156,5	657,1	500,6	0,4527	1,6205
5,8	156,76	0,0010984	0,3317	3,014	157,9	657,5	499,6	0,4559	1,6178
6,0	158,08	0,0010999	0,3213	3,112	159,3	657,8	498,5	0,4591	1,6151
6,2	159,36	0,0011014	0,3115	3,210	160,6	658,1	497,5	0,4622	1,6125
6,4	160,61	0,0011029	0,3023	3,308	161,9	658,5	496,6	0,4652	1,6100
6,6	161,82	0,0011043	0,2937	3,405	163,2	658,8	495,6	0,4681	1,6076
6,8	163,01	0,0011058	0,2855	3,503	164,4	659,1	494,7	0,4709	1,6052
7,0	164,17	0,0011072	0,2778	3,600	165,6	659,4	493,8	0,4737	1,6029
7,2	165,31	0,0011086	0,2705	3,697	166,8	659,7	492,9	0,4764	1,6006
7,4	166,42	0,0011100	0,2636	3,794	167,9	660,0	492,1	0,4790	1,5984
7,6	167,51	0,0011114	0,2570	3,891	169,1	660,3	491,2	0,4815	1,5963
7,8	168,57	0,0011127	0,2508	3,988	170,2	660,5	490,3	0,4840	1,5942
8,0	169,61	0,0011140	0,2448	4,085	171,3	660,8	489,5	0,4865	1,5922
8,2	170,63	0,0011152	0,2391	4,182	172,3	661,0	488,7	0,4889	1,5903
8,4	171,63	0,0011165	0,2337	4,278	173,4	661,3	487,9	0,4912	1,5884
8,6	172,61	0,0011178	0,2286	4,375	174,4	661,5	487,1	0,4935	1,5865
8,8	173,58	0,0011191	0,2237	4,471	175,4	661,7	486,3	0,4958	1,5846

16

Tafel II. Sättigungszustand (Drucktafel) (Fortsetzung).

p	t	v'	v''	γ''	i'	i''	r	s'	s''
9,0	174,53	0,0011203	0,2189	4,568	176,4	662,0	485,6	0,4980	1,5827
9,2	175,46	0,0011216	0,2144	4,664	177,4	662,2	484,8	0,5002	1,5809
9,4	176,38	0,0011228	0,2101	4,761	178,4	662,4	484,0	0,5023	1,5791
9,6	177,28	0,0011240	0,2059	4,857	179,3	662,6	483,3	0,5044	1,5774
9,8	178,16	0,0011251	0,2019	4,953	180,3	662,8	482,5	0,5065	1,5757
10,0	179,04	0,0011262	0,1981	5,049	181,2	663,0	481,8	0,5085	1,5740
10,5	181,16	0,0011290	0,1891	5,290	183,4	663,5	480,1	0,5133	1,5699
11,0	183,20	0,0011318	0,1808	5,530	185,6	663,9	478,3	0,5180	1,5661
11,5	185,17	0,0011346	0,1733	5,770	187,7	664,3	476,6	0,5225	1,5626
12,0	187,08	0,0011373	0,1664	6,010	189,7	664,7	475,0	0,5269	1,5592
12,5	188,92	0,0011399	0,1600	6,249	191,6	665,1	473,5	0,5311	1,5559
13,0	190,71	0,0011425	0,1541	6,488	193,5	665,4	471,9	0,5352	1,5526
13,5	192,45	0,0011451	0,1486	6,728	195,3	665,7	470,4	0,5392	1,5494
14,0	194,13	0,0011476	0,1435	6,967	197,1	666,0	468,9	0,5430	1,5464
14,5	195,77	0,0011500	0,1388	7,207	198,9	666,3	467,4	0,5467	1,5435
15,0	197,36	0,0011524	0,1343	7,446	200,6	666,6	466,0	0,5503	1,5406
15,5	198,91	0,0011548	0,1301	7,685	202,3	666,8	464,5	0,5538	1,5378
16,0	200,43	0,0011571	0,1262	7,925	203,9	667,1	463,2	0,5572	1,5351
16,5	201,91	0,0011595	0,1225	8,165	205,5	667,3	461,8	0,5605	1,5325
17,0	203,35	0,0011619	0,1190	8,405	207,1	667,5	460,4	0,5638	1,5300
17,5	204,76	0,0011641	0,1157	8,645	208,6	667,7	459,1	0,5670	1,5275
18,0	206,14	0,0011663	0,1126	8,886	210,1	667,9	457,8	0,5701	1,5251
18,5	207,49	0,0011685	0,1096	9,126	211,5	668,0	456,5	0,5731	1,5228
19,0	208,81	0,0011707	0,1068	9,366	213,0	668,2	455,2	0,5761	1,5205
19,5	210,11	0,0011729	0,1041	9,606	214,4	668,3	453,9	0,5791	1,5182
20,0	211,38	0,0011751	0,1016	9,846	215,8	668,5	452,7	0,5820	1,5160
20,5	212,63	0,0011773	0,09913	10,09	217,1	668,6	451,5	0,5848	1,5139
21,0	213,85	0,0011794	0,09682	10,33	218,5	668,7	450,2	0,5875	1,5118
21,5	215,05	0,0011814	0,09461	10,57	219,9	668,8	448,9	0,5902	1,5098
22,0	216,23	0,0011834	0,09251	10,81	221,2	668,9	447,7	0,5928	1,5078
22,5	217,39	0,0011854	0,09049	11,05	222,4	669,0	446,6	0,5953	1,5058
23,0	218,53	0,0011874	0,08856	11,29	223,6	669,1	445,5	0,5978	1,5038
23,5	219,65	0,0011894	0,08671	11,53	224,9	669,2	444,3	0,6002	1,5019
24,0	220,75	0,0011914	0,08492	11,78	226,1	669,3	443,2	0,6026	1,5000
24,5	221,83	0,0011933	0,08321	12,02	227,3	669,4	442,1	0,6050	1,4981
25,0	222,90	0,0011952	0,08157	12,26	228,5	669,4	440,9	0,6074	1,4962
25,5	223,95	0,0011971	0,07998	12,50	229,7	669,5	439,8	0,6097	1,4944
26,0	224,99	0,0011991	0,07846	12,75	230,8	669,5	438,7	0,6120	1,4926
26,5	226,01	0,0012010	0,07699	12,99	231,9	669,6	437,7	0,6142	1,4908
27,0	227,01	0,0012029	0,07557	13,23	233,0	669,6	436,6	0,6164	1,4891
27,5	228,00	0,0012049	0,07420	13,48	234,1	669,6	435,5	0,6185	1,4874
28,0	228,98	0,0012068	0,07288	13,72	235,2	669,6	434,4	0,6206	1,4857
28,5	229,94	0,0012087	0,07160	13,97	236,3	669,7	433,4	0,6227	1,4841
29,0	230,89	0,0012106	0,07037	14,21	237,4	669,7	432,3	0,6248	1,4825
29,5	231,83	0,0012124	0,06917	14,46	238,4	669,7	431,3	0,6269	1,4809
30	232,76	0,0012142	0,06802	14,70	239,5	669,7	430,2	0,6290	1,4793
31	234,57	0,0012178	0,06583	15,19	241,6	669,7	428,1	0,6330	1,4762
32	236,35	0,0012214	0,06375	15,69	243,6	669,7	426,1	0,6368	1,4732
33	238,08	0,0012250	0,06179	16,18	245,5	669,6	424,1	0,6406	1,4702
34	239,77	0,0012285	0,05995	16,68	247,5	669,6	422,1	0,6443	1,4673
35	241,42	0,0012320	0,05822	17,18	249,4	669,5	420,1	0,6479	1,4645
36	243,04	0,0012355	0,05658	17,68	251,2	669,5	418,3	0,6515	1,4617
37	244,62	0,0012389	0,05501	18,18	253,0	669,4	416,4	0,6550	1,4590
38	246,17	0,0012424	0,05353	18,68	254,8	669,3	414,5	0,6584	1,4564
39	247,69	0,0012459	0,05212	19,19	256,5	669,1	412,6	0,6617	1,4538
40	249,18	0,0012493	0,05078	19,69	258,2	669,0	410,8	0,6649	1,4513
41	250,64	0,0012527	0,04950	20,20	259,9	668,9	409,0	0,6681	1,4488
42	252,07	0,0012561	0,04828	20,71	261,6	668,8	407,2	0,6712	1,4463
43	253,48	0,0012594	0,04712	21,22	263,3	668,6	405,3	0,6743	1,4439
44	254,87	0,0012627	0,04601	21,73	264,9	668,4	403,5	0,6773	1,4415

16

Tafel II. Sättigungszustand (Drucktafel) (Fortsetzung).

p	t	v'	v''	γ''	i'	i''	r	s'	s''
45	256,23	0,0012661	0,04495	22,25	266,5	668,2	401,7	0,6803	1,4392
46	257,56	0,0012695	0,04393	22,76	268,0	668,0	400,0	0,6832	1,4369
47	258,88	0,0012728	0,04295	23,28	269,6	667,9	398,3	0,6861	1,4346
48	260,17	0,0012762	0,04201	23,80	271,2	667,7	396,5	0,6889	1,4324
49	261,45	0,0012795	0,04111	24,32	272,7	667,5	394,8	0,6917	1,4301
50	262,70	0,0012828	0,04024	24,85	274,2	667,3	393,1	0,6944	1,4280
51	263,93	0,0012860	0,03940	25,38	275,6	667,0	391,4	0,6971	1,4258
52	265,15	0,0012892	0,03860	25,91	277,1	666,8	389,7	0,6998	1,4237
53	266,35	0,0012924	0,03783	26,44	278,6	666,6	388,0	0,7024	1,4216
54	267,53	0,0012956	0,03708	26,97	280,0	666,4	386,4	0,7050	1,4196
55	268,69	0,0012989	0,03636	27,50	281,4	666,2	384,8	0,7075	1,4176
56	269,84	0,0013021	0,03566	28,04	282,8	666,0	383,2	0,7100	1,4156
57	270,98	0,0013054	0,03499	28,58	284,2	665,7	381,5	0,7125	1,4136
58	272,10	0,0013086	0,03434	29,12	285,6	665,5	379,9	0,7149	1,4116
59	273,20	0,0013118	0,03371	29,66	287,0	665,2	378,2	0,7173	1,4097
60	274,29	0,0013150	0,03310	30,21	288,4	665,0	376,6	0,7196	1,4078
61	275,37	0,0013181	0,03251	30,76	289,7	664,7	375,0	0,7220	1,4059
62	276,43	0,0013212	0,03194	31,31	291,0	664,4	373,4	0,7243	1,4041
63	277,48	0,0013243	0,03139	31,86	292,3	664,2	371,9	0,7266	1,4022
64	278,51	0,0013275	0,03085	32,41	293,5	663,9	370,4	0,7289	1,4004
65	279,54	0,0013307	0,03033	32,97	294,8	663,6	368,8	0,7311	1,3986
66	280,55	0,0013339	0,02983	33,53	296,1	663,3	367,2	0,7333	1,3968
67	281,55	0,0013371	0,02934	34,09	297,3	663,0	365,7	0,7355	1,3950
68	282,54	0,0013403	0,02886	34,65	298,5	662,7	364,2	0,7377	1,3932
69	283,52	0,0013435	0,02840	35,21	299,7	662,4	362,7	0,7398	1,3915
70	284,48	0,0013467	0,02795	35,78	300,9	662,1	361,2	0,7420	1,3897
71	285,44	0,0013509	0,02751	36,35	302,2	661,8	359,6	0,7441	1,3880
72	286,39	0,0013531	0,02708	36,92	303,4	661,4	358,0	0,7462	1,3863
73	287,32	0,0013562	0,02667	37,50	304,6	661,1	356,5	0,7483	1,3846
74	288,25	0,0013594	0,02626	38,08	305,8	660,8	355,0	0,7503	1,3829
75	289,17	0,0013625	0,02587	38,66	307,0	660,5	353,5	0,7524	1,3813
76	290,08	0,0013657	0,02549	39,24	308,1	660,2	352,1	0,7544	1,3796
77	290,97	0,0013689	0,02511	39,82	309,2	659,8	350,6	0,7564	1,3780
78	291,86	0,0013721	0,02475	40,41	310,4	659,5	349,1	0,7584	1,3764
79	292,75	0,0013753	0,02439	41,00	311,5	659,2	347,7	0,7604	1,3748
80	293,62	0,0013786	0,02404	41,60	312,6	658,9	346,3	0,7623	1,3731
81	294,48	0,0013819	0,02370	42,20	313,8	658,6	344,8	0,7642	1,3715
82	295,34	0,0013852	0,02337	42,80	314,9	658,2	343,3	0,7661	1,3700
83	296,19	0,0013885	0,02304	43,40	316,0	657,8	341,8	0,7680	1,3685
84	297,03	0,0013918	0,02272	44,01	317,1	657,4	340,3	0,7699	1,3669
85	297,86	0,0013951	0,02241	44,62	318,2	657,0	338,8	0,7718	1,3654
86	298,69	0,0013985	0,02211	45,23	319,3	656,6	337,3	0,7737	1,3638
87	299,51	0,0014016	0,02181	45,84	320,4	656,3	335,9	0,7756	1,3623
88	300,32	0,001405	0,02152	46,46	321,4	655,9	334,5	0,7774	1,3607
89	301,12	0,001408	0,02124	47,09	322,5	655,5	333,0	0,7792	1,3591
90	301,92	0,001412	0,02096	47,71	323,6	655,1	331,5	0,7810	1,3576
91	302,71	0,001415	0,02069	48,34	324,7	654,8	330,1	0,7828	1,3561
92	303,49	0,001419	0,02042	48,98	325,7	654,4	328,7	0,7846	1,3545
93	304,27	0,001422	0,02016	49,62	326,8	654,0	327,2	0,7863	1,3530
94	305,04	0,001425	0,01990	50,26	327,8	653,6	325,8	0,7881	1,3515
95	305,80	0,001428	0,01964	50,91	328,8	653,2	324,4	0,7898	1,3500
96	306,56	0,001432	0,01940	51,56	329,9	652,8	322,9	0,7916	1,3485
97	307,31	0,001435	0,01915	52,21	330,9	652,4	321,5	0,7933	1,3470
98	308,06	0,001438	0,01891	52,87	332,0	652,0	320,0	0,7950	1,3455
99	308,80	0,001442	0,01868	53,54	333,0	651,5	318,5	0,7967	1,3439
100	309,53	0,001445	0,01845	54,21	334,0	651,1	317,1	0,7983	1,3424
102	310,98	0,001452	0,01800	55,55	336,0	650,2	314,2	0,8017	1,3395
104	312,41	0,001459	0,01757	56,91	338,0	649,4	311,4	0,8050	1,3366
106	313,82	0,001466	0,01716	58,28	340,0	648,5	308,5	0,8083	1,3337
108	315,21	0,001473	0,01676	59,67	342,0	647,6	305,6	0,8115	1,3308

Tafel II. Sättigungszustand (Drucktafel) (Fortsetzung).

p	t	v'	v''	γ''	i'	i''	r	s'	s''
110	316,58	0,001480	0,01637	61,08	344,0	646,7	302,7	0,8147	1,3279
112	317,93	0,001487	0,01600	62,51	346,0	645,7	299,7	0,8179	1,3251
114	319,26	0,001495	0,01563	63,96	348,0	644,8	296,8	0,8211	1,3222
116	320,57	0,001503	0,01528	65,43	349,9	643,8	293,9	0,8243	1,3193
118	321,87	0,001510	0,01494	66,92	351,9	642,8	290,9	0,8275	1,3166
120	323,15	0,001518	0,01462	68,42	353,9	641,9	288,0	0,8306	1,3138
122	324,41	0,001526	0,01430	69,94	355,7	640,8	285,1	0,8336	1,3110
124	325,65	0,001534	0,01399	71,47	357,6	639,8	282,2	0,8366	1,3082
126	326,88	0,001542	0,01369	73,03	359,4	638,7	279,3	0,8397	1,3054
128	328,10	0,001550	0,01340	74,62	361,2	637,7	276,5	0,8428	1,3026
130	329,30	0,001558	0,01312	76,23	363,0	636,6	273,6	0,8458	1,2998
132	330,48	0,001566	0,01284	77,87	364,9	635,5	270,6	0,8488	1,2971
134	331,65	0,001574	0,01257	79,54	366,8	634,4	267,6	0,8518	1,2943
136	332,81	0,001582	0,01231	81,23	368,7	633,3	264,6	0,8547	1,2915
138	333,96	0,001590	0,01206	82,94	370,6	632,2	261,6	0,8577	1,2886
140	335,09	0,001599	0,01181	84,68	372,4	631,0	258,6	0,8606	1,2858
142	336,21	0,001608	0,01157	86,45	374,2	629,8	255,6	0,8635	1,2829
144	337,31	0,001617	0,01133	88,26	376,0	628,6	252,6	0,8664	1,2800
146	338,40	0,001626	0,01110	90,11	377,9	627,4	249,5	0,8692	1,2771
148	339,49	0,001636	0,01087	91,99	379,8	626,1	246,3	0,8720	1,2742
150	340,56	0,001646	0,01065	93,90	381,7	624,9	243,2	0,8749	1,2713
152	341,61	0,001656	0,01044	95,85	383,5	623,6	240,1	0,8778	1,2684
154	342,66	0,001667	0,01022	97,83	385,4	622,3	236,9	0,8806	1,2654
156	343,70	0,001677	0,01002	99,84	387,2	621,0	233,8	0,8835	1,2624
158	344,72	0,001688	0,009814	101,9	389,0	619,7	230,7	0,8863	1,2594
160	345,74	0,001699	0,009616	104,0	390,8	618,3	227,5	0,8892	1,2564
162	346,74	0,001710	0,009421	106,1	392,7	616,9	224,2	0,8920	1,2534
164	347,74	0,001721	0,009230	108,3	394,5	615,4	220,9	0,8948	1,2503
166	348,72	0,001732	0,009043	110,6	396,4	613,9	217,5	0,8977	1,2473
168	349,70	0,001744	0,008860	112,9	398,3	612,4	214,1	0,9006	1,2442
170	350,66	0,001756	0,008680	115,2	400,3	610,8	210,5	0,9035	1,2411
172	351,62	0,001768	0,008502	117,6	402,2	609,2	207,0	0,9064	1,2380
174	352,56	0,001780	0,008325	120,1	404,2	607,5	203,3	0,9094	1,2348
176	353,50	0,001793	0,008150	122,7	406,2	605,9	199,7	0,9124	1,2316
178	354,43	0,001807	0,007978	125,3	408,2	604,2	196,0	0,9155	1,2283
180	355,35	0,001821	0,007809	128,0	410,2	602,5	192,3	0,9186	1,2251
182	356,26	0,001835	0,007643	130,8	412,2	600,8	188,6	0,9218	1,2219
184	357,16	0,001850	0,007478	133,7	414,2	599,0	184,8	0,9251	1,2186
186	358,06	0,001867	0,007315	136,7	416,3	597,1	180,8	0,9283	1,2152
188	358,94	0,001884	0,007154	139,8	418,3	595,2	176,9	0,9315	1,2117
190	359,82	0,001902	0,006994	143,0	420,4	593,2	172,8	0,9347	1,2081
192	360,69	0,001923	0,00683	146,4	422,6	591,2	168,6	0,9380	1,2043
194	361,55	0,001943	0,00667	149,9	424,8	589,1	164,3	0,9413	1,2004
196	362,40	0,001964	0,00652	153,5	427,0	587,0	160,0	0,9447	1,1965
198	363,25	0,001985	0,00636	157,2	429,2	584,7	155,5	0,9480	1,1925
200	364,08	0,00201	0,00620	161,2	431,5	582,3	150,8	0,9514	1,1883
202	364,91	0,00203	0,00604	165,5	434,0	579,9	145,9	0,9549	1,1838
204	365,74	0,00205	0,00588	170,1	436,5	577,2	140,7	0,9587	1,1791
206	366,55	0,00208	0,00572	175,0	439,1	574,4	135,3	0,9627	1,1741
208	367,36	0,00211	0,00555	180,2	441,8	571,4	129,6	0,9669	1,1689
210	368,16	0,00214	0,00539	185,7	444,7	568,1	123,4	0,9714	1,1636
212	368,95	0,00217	0,00522	191,6	447,8	564,6	116,8	0,9764	1,1581
214	369,74	0,00221	0,00505	198,0	451,2	560,7	109,5	0,9820	1,1524
216	370,51	0,00226	0,00488	205	454,8	557	102	0,9883	1,146
218	371,29	0,00232	0,00469	213	458,9	552	93	0,995	1,139
220	372,1	0,00239	0,00449	223	463,4	547	84	1,002	1,131
222	372,8	0,00248	0,00425	235	469	541	72	1,009	1,120
224	373,6	0,00261	0,00394	254	478	530	52	1,022	1,10
225,4	374,1	0,00314		319	502		0	1,058	

Tafel III. Wasser und überhitzter Dampf.

t	0,01 at $t_s = 6{,}698$			0,02 at $t_s = 17{,}204$			0,03 at $t_s = 23{,}772$			0,04 at $t_s = 28{,}641$		
	v'' 131,7	i'' 600,1	s'' 2,1447	v'' 68,27	i'' 604,8	s'' 2,0847	v'' 46,53	i'' 607,7	s'' 2,0499	v'' 35,46	i'' 609,8	s'' 2,0253
	v	i	s	v	i	s	v	i	s	v	i	s
0	0,0010002	0,0	0,0000	0,0010002	0,0	0,0000	0,0010002	0,0	0,0000	0,0010002	0,0	0,0000
10	133,2	601,6	2,1501	0,0010003	10,0	0,0361	0,0010003	10,0	0,0361	0,0010003	10,0	0,0361
20	137,9	606,1	2,1656	68,93	606,0	2,0890	0,0010018	20,0	0,0708	0,0010018	20,0	0,0708
30	142,6	610,6	2,1806	71,29	610,5	2,1041	47,51	610,4	2,0593	35,62	610,4	2,0274
40	147,3	615,1	2,1951	73,65	615,0	2,1187	49,09	614,9	2,0739	36,80	614,9	2,0421
50	152,0	619,5	2,2092	76,01	619,5	2,1328	50,66	619,4	2,0880	37,99	619,4	2,0562
60	156,8	624,0	2,2229	78,36	624,0	2,1464	52,23	623,9	2,1017	39,17	623,9	2,0699
70	161,5	628,5	2,2362	80,72	628,4	2,1597	53,80	628,4	2,1150	40,35	628,4	2,0832
80	166,2	633,0	2,2491	83,07	633,0	2,1726	55,37	633,0	2,1279	41,52	633,0	2,0961
90	170,9	637,5	2,2616	85,43	637,5	2,1852	56,94	637,5	2,1405	42,70	637,4	2,1087
100	175,6	642,0	2,2739	87,78	642,0	2,1974	58,52	642,0	2,1527	43,88	641,9	2,1210
110	180,3	646,5	2,2858	90,13	646,5	2,2094	60,08	646,5	2,1646	45,06	646,4	2,1330
120	185,0	651,0	2,2975	92,49	651,0	2,2210	61,65	651,0	2,1763	46,24	650,9	2,1446
130	189,7	655,6	2,3088	94,85	655,6	2,2324	63,22	655,5	2,1877	47,41	655,5	2,1559
140	194,4	660,1	2,3199	97,20	660,1	2,2435	64,79	660,1	2,1988	48,59	660,0	2,1670
150	199,1	664,6	2,3308	99,55	664,6	2,2544	66,36	664,6	2,2097	49,77	664,6	2,1779
160	203,8	669,2	2,3414	101,9	669,2	2,2650	67,93	669,2	2,2203	50,95	669,2	2,1886
170	208,5	673,8	2,3518	104,3	673,8	2,2754	69,50	673,8	2,2307	52,12	673,7	2,1990
180	213,2	678,3	2,3620	106,6	678,3	2,2856	71,07	678,3	2,2409	53,30	678,3	2,2092
190	218,0	682,9	2,3720	109,0	682,9	2,2956	72,64	682,9	2,2509	54,48	682,9	2,2192
200	222,7	687,5	2,3818	111,3	687,5	2,3054	74,21	687,5	2,2607	55,66	687,5	2,2290
210	227,4	692,1	2,3914	113,7	692,1	2,3151	75,78	692,1	2,2704	56,83	692,1	2,2386
220	232,1	696,7	2,4009	116,0	696,7	2,3245	77,35	696,7	2,2798	58,01	696,7	2,2481
230	236,8	701,3	2,4102	118,4	701,3	2,3338	78,92	701,3	2,2891	59,19	701,3	2,2574
240	241,5	706,0	2,4193	120,7	706,0	2,3430	80,49	706,0	2,2982	60,36	705,9	2,2665
250	246,2	710,6	2,4283	123,1	710,6	2,3520	82,06	710,6	2,3072	61,54	710,6	2,2755
260	250,9	715,3	2,4372	125,5	715,3	2,3608	83,63	715,3	2,3161	62,72	715,3	2,2844
270	255,6	720,0	2,4459	127,8	720,0	2,3695	85,20	720,0	2,3248	63,90	720,0	2,2931
280	260,3	724,7	2,4544	130,2	724,7	2,3781	86,77	724,7	2,3333	65,07	724,7	2,3016
290	265,0	729,4	2,4629	132,5	729,4	2,3865	88,34	729,4	2,3417	66,25	729,4	2,3101
300	269,7	734,1	2,4712	134,9	734,1	2,3948	89,91	734,1	2,3501	67,43	734,1	2,3184
310	274,4	738,8	2,4794	137,2	738,8	2,4030	91,47	738,8	2,3583	68,60	738,8	2,3266
320	279,1	743,6	2,4875	139,6	743,6	2,4111	93,04	743,6	3,3664	69,78	743,6	2,3347
330	283,8	748,4	2,4954	141,9	748,4	2,4191	94,61	748,4	2,3744	70,96	748,4	2,3426
340	288,6	753,2	2,5033	144,3	753,2	2,4269	96,18	753,1	2,3823	72,14	753,1	2,3505
350	293,3	758,0	2,5111	146,6	758,0	2,4347	97,75	758,0	2,3900	73,32	757,9	2,3583
360	298,0	762,8	2,5188	149,0	762,8	2,4424	99,32	762,8	2,3976	74,49	762,8	2,3660
370	302,7	767,6	2,5264	151,3	767,6	2,4500	100,9	767,6	2,4053	75,67	767,6	2,3736
380	307,4	772,5	2,5339	153,7	772,5	2,4575	102,5	772,5	2,4128	76,84	772,5	2,3811
390	312,1	777,4	2,5413	156,0	777,4	2,4649	104,0	777,3	2,4202	78,02	777,3	2,3885
400	316,8	782,3	2,5486	158,4	782,3	2,4722	105,6	782,2	2,4275	79,20	782,2	2,3958
410	321,5	787,2	2,5558	160,8	787,2	2,4795	107,2	787,2	2,4348	80,37	787,2	2,4031
420	326,2	792,1	2,5630	163,1	792,1	2,4867	108,7	792,1	2,4420	81,55	792,1	2,4103
430	330,9	797,1	2,5701	165,5	797,1	2,4938	110,3	797,1	2,4491	82,73	797,1	2,4174
440	335,6	802,1	2,5772	167,8	802,1	2,5008	111,9	802,1	2,4561	83,90	802,1	2,4245
450	340,3	807,1	2,5842	170,2	807,1	2,5079	113,4	807,1	2,4632	85,08	807,1	2,4315
460	345,0	812,1	2,5911	172,5	812,1	2,5148	115,0	812,1	2,4701	86,25	812,1	2,4384
470	349,7	817,1	2,5980	174,9	817,1	2,5216	116,6	817,1	2,4769	87,43	817,1	2,4452
480	354,4	822,2	2,6048	177,2	822,2	2,5284	118,1	822,2	2,4837	88,61	822,2	2,4520
490	359,1	827,3	2,6115	179,6	827,3	2,5351	119,7	827,3	2,4904	89,79	827,3	2,4587
500	363,8	832,4	2,6181	181,9	832,4	2,5418	121,3	832,4	2,4971	90,96	832,4	2,4654
510	368,5	837,5	2,6247	184,2	837,5	2,5484	122,8	837,6	2,5037	92,14	837,6	2,4719
520	373,2	842,7	2,6313	186,6	842,7	2,5549	124,4	842,7	2,5102	93,32	842,7	2,4785
530	377,9	847,9	2,6378	188,9	847,9	2,5614	126,0	847,9	2,5167	94,50	847,9	2,4850
540	382,6	853,1	2,6443	191,3	853,1	2,5679	127,6	853,1	2,5232	95,67	853,1	2,4915
550	387,3	858,3	2,6507	193,6	858,3	2,5743	129,1	858,3	2,5296	96,85	858,3	2,4980

Tafel. III. Wasser und überhitzter Dampf (Fortsetzung).

t	0,05 at $t_s = 32,55$			0,06 at $t_s = 35,82$			0,07 at $t_s = 38,66$			0,08 at $t_s = 41,16$		
	v'' 28,73	i'' 611,5	s'' 2,0064	v'' 24,19	i'' 612,9	s'' 1,9908	v'' 20,92	i'' 614,1	s'' 1,9779	v'' 18,45	i'' 615,2	s'' 1,9664
	v	i	s	v	i	s	v	i	s	v	i	s
0	0,0010002	0,0	0,0000	0,0010002	0,0	0,0000	0,0010002	0,0	0,0000	0,0010002	0,0	0,0000
10	0,0010003	10,0	0,0361	0,0010003	10,0	0,0361	0,0010003	10,0	0,0361	0,0010003	10,0	0,0361
20	0,0010018	20,0	0,0708	0,0010018	20,0	0,0708	0,0010018	20,0	0,0708	0,0010018	20,0	0,0708
30	0,0010044	30,0	0,1042	0,0010044	30,0	0,1042	0,0010044	30,0	0,1042	0,0010044	30,0	0,1042
40	29,44	614,8	2,0174	24,52	614,8	1,9971	21,01	614,7	1,9800	0,0010079	40,0	0,1365
50	30,38	619,3	2,0315	25,31	619,3	2,0113	21,69	619,3	1,9942	18,98	619,2	1,9794
60	31,33	623,9	2,0452	26,10	623,8	2,0251	22,37	623,8	2,0080	19,57	623,8	1,9932
70	32,27	628,4	2,0586	26,89	628,3	2,0384	23,04	628,3	2,0214	20,16	628,3	2,0066
80	33,21	632,9	2,0715	27,67	632,9	2,0513	23,72	632,9	2,0343	20,75	632,9	2,0195
90	34,16	637,4	2,0841	28,46	637,4	2,0639	24,39	637,4	2,0469	21,34	637,3	2,0321
100	35,10	641,9	2,0963	29,25	641,9	2,0762	25,07	641,9	2,0592	21,93	641,9	2,0444
110	36,04	646,4	2,1083	30,03	646,4	2,0881	25,74	646,4	2,0711	22,52	646,4	2,0564
120	36,98	650,9	2,1199	30,82	650,9	2,0998	26,41	650,9	2,0828	23,11	650,8	2,0680
130	37,93	655,5	2,1313	31,60	655,4	2,1112	27,09	655,4	2,0942	23,70	655,4	2,0794
140	38,87	660,0	2,1424	32,39	660,0	2,1223	27,76	660,0	2,1053	24,29	660,0	2,0906
150	39,81	664,6	2,1533	33,17	664,6	2,1332	28,43	664,6	2,1162	24,88	664,5	2,1015
160	40,75	669,2	2,1640	33,96	669,1	2,1438	29,11	669,1	2,1269	25,47	669,1	2,1121
170	41,70	673,7	2,1744	34,75	673,7	2,1542	29,78	673,6	2,1373	26,06	673,6	2,1225
180	42,64	678,3	2,1846	35,53	678,3	2,1645	30,45	678,2	2,1475	26,65	678,2	2,1327
190	43,58	682,8	2,1946	36,32	682,8	2,1745	31,13	682,8	2,1575	27,24	682,8	2,1427
200	44,52	687,5	2,2044	37,10	687,4	2,1843	31,80	687,4	2,1673	27,83	687,4	2,1525
210	45,46	692,1	2,2140	37,89	692,0	2,1939	32,47	692,0	2,1769	28,41	692,0	2,1622
220	46,41	696,7	2,2235	38,67	696,7	2,2034	33,14	696,6	2,1864	29,00	696,6	2,1717
230	47,35	701,3	2,2328	39,46	701,3	2,2127	33,82	701,3	2,1957	29,59	701,3	2,1810
240	48,29	705,9	2,2419	40,24	705,9	2,2218	34,49	705,9	2,2048	30,18	705,9	2,1901
250	49,23	710,6	2,2509	41,02	710,6	2,2308	35,16	710,6	2,2138	30,77	710,6	2,1991
260	50,17	715,3	2,2598	41,81	715,3	2,2396	35,84	715,3	2,2227	31,36	715,3	2,2079
270	51,11	720,0	2,2685	42,59	720,0	2,2483	36,51	720,0	2,2314	31,94	719,9	2,2166
280	52,06	724,7	2,2770	43,38	724,7	2,2569	37,18	724,6	2,2399	32,53	724,6	2,2252
290	53,00	729,4	2,2855	44,16	729,4	2,2653	37,85	729,4	2,2484	33,12	729,3	2,2336
300	53,94	734,1	2,2938	44,95	734,1	2,2737	38,53	734,1	2,2567	33,71	734,1	2,2420
310	54,88	738,8	2,3020	45,73	738,8	2,2819	39,20	738,8	2,2649	34,30	738,8	2,2502
320	55,82	743,6	2,3101	46,52	743,6	2,2900	39,87	743,6	2,2730	34,89	743,5	2,2582
330	56,76	748,4	2,3180	47,30	748,3	2,2979	40,54	748,3	2,2810	35,48	748,3	2,2662
340	57,71	753,1	2,3259	48,09	753,1	2,3058	41,22	753,1	2,2888	36,06	753,1	2,2741
350	58,65	757,9	2,3337	48,87	757,9	2,3136	41,89	757,9	2,2966	36,65	757,9	2,2819
360	59,59	762,8	2,3414	49,66	762,8	2,3213	42,56	762,7	2,3043	37,24	762,7	2,2896
370	60,53	767,6	2,3490	50,44	767,6	2,3289	43,23	767,6	2,3119	37,83	767,6	2,2971
380	61,48	772,5	2,3565	51,22	772,5	2,3364	43,91	772,5	2,3194	38,42	772,4	2,3046
390	62,42	777,3	2,3639	52,01	777,3	2,3438	44,58	777,3	2,3268	39,01	777,3	2,3120
400	63,36	782,2	2,3712	52,80	782,2	2,3511	45,25	782,2	2,3341	39,60	782,2	2,3194
410	64,30	787,2	2,3785	53,58	787,2	2,3584	45,92	787,2	2,3414	40,18	787,1	2,3266
420	65,24	792,1	2,3857	54,37	792,1	2,3656	46,60	792,1	2,3486	40,77	792,1	2,3338
430	66,18	797,1	2,3928	55,15	797,1	2,3727	47,27	797,1	2,3557	41,36	797,1	2,3409
440	67,12	802,1	2,3998	55,94	802,1	2,3798	47,94	802,0	2,3627	41,95	802,0	2,3480
450	68,06	807,1	2,4069	56,72	807,1	2,3868	48,61	807,0	2,3698	42,54	807,0	2,3550
460	69,01	812,1	2,4138	57,50	812,1	2,3937	49,28	812,1	2,3767	43,13	812,1	2,3619
470	69,95	817,1	2,4206	58,29	817,1	2,4005	49,96	817,1	2,3835	43,72	817,1	2,3688
480	70,89	822,2	2,4274	59,07	822,2	2,4073	50,63	822,2	2,3903	44,31	822,2	2,3756
490	71,83	827,3	2,4341	59,86	827,3	2,4140	51,31	827,3	2,3970	44,89	827,3	2,3823
500	72,77	832,4	2,4408	60,64	832,4	2,4207	51,98	832,4	2,4037	45,48	832,4	2,3890
510	73,71	837,5	2,4474	61,42	837,5	2,4273	52,65	837,5	2,4103	46,07	837,5	2,3956
520	74,65	842,7	2,4539	62,20	842,7	2,4338	53,32	842,7	2,4168	46,66	842,7	2,4021
530	75,59	847,9	2,4604	62,99	847,9	2,4403	53,99	847,9	2,4233	47,25	847,9	2,4086
540	76,54	853,1	2,4669	63,78	853,1	2,4468	54,67	853,1	2,4298	47,83	853,1	2,4151
550	77,48	858,3	2,4733	64,56	858,3	2,4532	55,34	858,3	2,4362	48,42	858,3	2,4215

Tafel III. Wasser und überhitzter Dampf (Fortsetzung).

t	0,09 at $t_s = 43,41$			0,10 at $t_s = 45,45$			0,12 at $t_s = 49,06$			0,14 at $t_s = 52,18$		
	v'' 16,51	i'' 616,2	s'' 1,9564	v'' 14,95	i'' 617,0	s'' 1,9478	v'' 12,60	i'' 618,5	s'' 1,9326	v'' 10,89	i'' 619,9	s'' 1,9197
	v	i	s	v	i	s	v	i	s	v	i	s
0	0,0010002	0,0	0,0000	0,0010002	0,0	0,0000	0,0010002	0,0	0,0000	0,0010002	0,0	0,0000
10	0,0010003	10,0	0,0361	0,0010003	10,0	0,0361	0,0010003	10,0	0,0361	0,0010003	10,0	0,0361
20	0,0010018	20,0	0,0708	0,0010018	20,0	0,0708	0,0010018	20,0	0,0708	0,0010018	20,0	0,0708
30	0,0010044	30,0	0,1042	0,0010044	30,0	0,1042	0,0010044	30,0	0,1042	0,0010044	30,0	0,1042
40	0,0010079	40,0	0,1365	0,0010079	40,0	0,1365	0,0010079	40,0	0,1365	0,0010079	40,0	0,1365
50	16,86	619,1	1,9663	15,17	619,1	1,9546	12,63	619,0	1,9341	0,0010121	50,0	0,1679
60	17,39	623,7	1,9802	15,65	623,6	1,9685	13,03	623,6	1,9482	11,17	623,5	1,9310
70	17,91	628,2	1,9936	16,12	628,2	1,9818	13,42	628,2	1,9616	11,51	628,1	1,9445
80	18,44	632,8	2,0065	16,59	632,8	1,9948	13,82	632,8	1,9746	11,85	632,7	1,9575
90	18,97	637,3	2,0191	17,07	637,3	2,0075	14,22	637,3	1,9873	12,18	637,2	1,9702
100	19,49	641,8	2,0314	17,54	641,8	2,0198	14,61	641,8	1,9996	12,52	641,8	1,9825
110	20,01	646,3	2,0434	18,01	646,3	2,0317	15,01	646,3	2,0115	12,86	646,3	1,9945
120	20,54	650,8	2,0550	18,48	650,8	2,0434	15,40	650,8	2,0232	13,20	650,8	2,0062
130	21,06	655,4	2,0664	18,95	655,4	2,0548	15,79	655,3	2,0346	13,53	655,3	2,0176
140	21,59	660,0	2,0776	19,43	659,9	2,0659	16,19	659,9	2,0458	13,87	659,9	2,0287
150	22,11	664,5	2,0884	19,90	664,5	2,0768	16,58	664,5	2,0567	14,21	664,5	2,0396
160	22,63	669,0	2,0991	20,37	669,0	2,0875	16,97	669,0	2,0673	14,55	669,0	2,0503
170	23,16	673,6	2,1095	20,84	673,6	2,0979	17,37	673,6	2,0777	14,88	673,6	2,0607
180	23,68	678,2	2,1197	21,31	678,2	2,1081	17,76	678,2	2,0880	15,22	678,2	2,0709
190	24,21	682,8	2,1297	21,78	682,8	2,1181	18,15	682,8	2,0980	15,56	682,8	2,0810
200	24,73	687,4	2,1395	22,25	687,4	2,1279	18,55	687,4	2,1078	15,89	687,4	2,0908
210	25,25	692,0	2,1492	22,73	692,0	2,1375	18,94	692,0	2,1174	16,23	692,0	2,1004
220	25,78	696,6	2,1587	23,20	696,6	2,1470	19,33	696,6	2,1269	16,57	696,6	2,1099
230	26,30	701,3	2,1680	23,67	701,2	2,1563	19,72	701,2	2,1362	16,90	701,2	2,1192
240	26,82	705,9	2,1771	24,14	705,9	2,1655	20,12	705,9	2,1454	17,24	705,9	2,1283
250	27,35	710,6	2,1861	24,61	710,6	2,1745	20,51	710,5	2,1544	17,58	710,5	2,1373
260	27,87	715,2	2,1949	25,08	715,2	2,1833	20,90	715,2	2,1632	17,91	715,2	2,1462
270	28,39	719,9	2,2036	25,55	719,9	2,1920	21,29	719,9	2,1719	18,25	719,9	2,1549
280	28,92	724,6	2,2122	26,03	724,6	2,2006	21,69	724,6	2,1805	18,59	724,6	2,1635
290	29,44	729,3	2,2206	26,50	729,3	2,2090	22,08	729,3	2,1889	18,92	729,3	2,1719
300	29,96	734,1	2,2290	26,97	734,0	2,2173	22,47	734,0	2,1972	19,26	734,0	2,1802
310	30,49	738,8	2,2372	27,44	738,8	2,2255	22,86	738,8	2,2054	19,60	738,8	2,1884
320	31,01	743,5	2,2453	27,91	743,5	2,2336	23,26	743,5	2,2135	19,93	743,5	2,1965
330	31,53	748,3	2,2532	28,38	748,3	2,2416	23,65	748,3	2,2215	20,27	748,3	2,2045
340	32,06	753,1	2,2611	28,85	753,1	2,2495	24,04	753,1	2,2294	20,61	753,1	2,2124
350	32,58	757,9	2,2689	29,32	757,9	2,2573	24,43	757,9	3,2372	20,94	757,9	2,2202
360	33,10	762,7	2,2766	29,79	762,7	2,2649	24,83	762,7	2,2448	21,28	762,7	2,2278
370	33,63	767,6	2,2842	30,26	767,6	2,2725	25,22	767,6	2,2524	21,61	767,6	2,2354
380	34,15	772,4	2,2917	30,73	772,4	2,2800	25,61	772,4	2,2599	21,95	772,4	2,2429
390	34,67	777,3	2,2991	31,20	777,3	2,2875	26,00	777,3	2,2674	22,29	777,3	2,2504
400	35,20	782,2	2,3064	31,68	782,2	2,2948	26,40	782,2	2,2747	22,62	782,2	2,2577
410	35,72	787,1	2,3137	32,15	787,1	2,3020	26,79	787,1	2,2819	22,96	787,1	2,2649
420	36,24	792,1	2,3209	32,62	792,1	2,3092	27,18	792,1	2,2891	23,30	792,1	2,2721
430	36,76	797,1	2,3280	33,09	797,0	2,3163	27,57	797,0	2,2962	23,63	797,0	2,2792
440	37,29	802,0	2,3351	33,56	802,0	2,3234	27,96	802,0	2,3033	23,97	802,0	2,2863
450	37,81	807,0	2,3421	34,03	807,0	2,3304	28,36	807,0	2,3103	24,31	807,0	2,2933
460	38,33	812,0	2,3490	34,50	812,0	2,3374	28,75	812,0	2,3173	24,64	812,0	2,3002
470	38,85	817,1	2,3558	34,97	817,1	2,3442	29,14	817,1	2,3241	24,98	817,1	2,3071
480	39,38	822,2	2,3626	35,44	822,2	2,3510	29,53	822,2	2,3309	25,31	822,2	2,3139
490	39,90	827,3	2,3693	35,91	827,3	2,3577	29,93	827,3	2,3376	25,65	827,3	2,3206
500	40,43	832,4	2,3760	36,39	832,4	2,3644	30,32	832,4	2,3443	25,99	832,4	2,3273
510	40,95	837,5	2,3826	36,86	837,5	2,3710	30,72	837,5	2,3509	26,33	837,5	2,3339
520	41,47	842,7	2,3891	37,33	842,7	2,3775	31,11	842,7	2,3574	26,66	842,7	2,3404
530	42,00	847,9	2,3956	37,80	847,9	2,3840	31,50	847,9	2,3639	27,00	847,9	2,3469
540	42,52	853,1	2,4021	38,27	853,1	2,3905	31,89	853,1	2,3704	27,33	853,1	2,3534
550	43,05	858,3	2,4085	38,74	858,3	2,3969	32,28	858,3	2,3768	27,67	858,3	2,3598

Tafel III. Wasser und überhitzter Dampf (Fortsetzung).

t	0,16 at $t_s = 54{,}94$			0,18 at $t_s = 57{,}41$			0,20 at $t = 59{,}67$			0,22 at $t_s = 61{,}74$		
	v'' 9,612	i'' 621,1	s'' 1,9087	v'' 8,605	i'' 622,1	s'' 1,8990	v'' 7,795	i'' 623,1	s'' 1,8903	v'' 7,128	i'' 623,9	s'' 1,8826
	v	i	s	v	i	s	v	i	s	v	i	s
0	0,0010002	0,0	0,0000	0,0010002	0,0	0,0000	0,0010002	0,0	0,0000	0,0010002	0,0	0,0000
10	0,0010003	10,0	0,0361	0,0010003	10,0	0,0361	0,0010003	10,0	0,0361	0,0010003	10,0	0,0361
20	0,0010018	20,0	0,0708	0,0010018	20,0	0,0708	0,0010018	20,0	0,0708	0,0010018	20,0	0,0708
30	0,0010044	30,0	0,1042	0,0010044	30,0	0,1042	0,0010044	30,0	0,1042	0,0010044	30,0	0,1042
40	0,0010079	40,0	0,1365	0,0010079	40,0	0,1365	0,0010079	40,0	0,1365	0,0010079	40,0	0,1365
50	0 0010121	50,0	0,1679	0,0010121	50,0	0,1679	0,0010121	50,0	0,1679	0,0010121	50,0	0,1679
60	9,765	623,4	1,9160	8,675	623,3	1,9027	7,803	623,2	1,8908	0,0010171	59,9	0,1984
70	10,06	628,1	1,9296	8,941	628,0	1,9165	8,044	627,9	1,9046	7,310	627,7	1,1839
80	10,36	632,7	1,9427	9,206	632,6	1,9296	8,283	632,5	1,9178	7,527	632,4	1,9072
90	10,66	637,2	1,9554	9,470	637,1	1,9423	8,521	637,1	1,9306	7,744	637,0	1,9200
100	10,95	641,7	1,9678	9,734	641,7	1,9546	8,758	641,6	1,9429	7,960	641,6	1,9323
110	11,25	646,2	1,9797	9,997	646,2	1,9666	8,995	646,2	1,9549	8,175	646,1	1,9444
120	11,55	650,7	1,9914	10,26	650,7	1,9783	9,232	650,7	1,9667	8,391	650,6	1,9561
130	11,84	655,3	2,0028	10,52	655,2	1,9898	9,469	655,2	1,9781	8,606	655,2	1,9675
140	12,14	659,8	2,0139	10,79	659,8	2,0009	9,705	659,8	1,9892	8,821	659,8	1,9787
150	12,43	664,4	2,0248	11,05	664,4	2,0118	9,941	664,4	2,0001	9,036	664,4	1,9896
160	12,73	669,0	2,0355	11,31	668,9	2,0225	10,18	668,9	2,0108	9,251	668,9	2,0003
170	13,02	673,5	2,0460	11,57	673,5	2,0329	10,41	673,5	2,0213	9,466	673,5	2,0107
180	13,32	678,1	2,0562	11,84	678,1	2,0431	10,65	678,1	2,0315	9,681	678,1	2,0210
190	13,61	682,7	2,0662	12,10	682,7	2,0532	10,89	682,7	2,0415	9,895	682,7	2,0310
200	13,91	687,3	2,0760	12,36	687,3	2,0630	11,12	687,3	2,0513	10,11	687,3	2,0408
210	14,20	691,9	2,0857	12,62	691,9	2,0726	11,36	691,9	2,0610	10,32	691,9	2,0505
220	14,50	696,6	2,0952	12,88	696,5	2,0821	11,59	696,5	2,0705	10,54	696,5	2,0600
230	14,79	701,2	2,1045	13,15	701,2	2,0914	11,83	701,2	2,0798	10,75	701,1	2,0693
240	15,08	705,8	2,1137	13,41	705,8	2,1006	12,07	705,8	2,0890	10,97	705,8	2,0784
250	15,38	710,5	2,1226	13,67	710,5	2,1096	12,30	710,5	2,0980	11,18	710,5	2,0874
260	15,67	715,2	2,1314	13,93	715,2	2,1184	12,54	715,2	2,1068	11,40	715,1	2,0963
270	15,97	719,8	2,1401	14,19	719,8	2,1271	12,77	719,8	2,1155	11,61	719,8	2,1050
280	16,26	724,5	2,1487	14,46	724,5	2,1357	13,01	724,5	2,1241	11,83	724,5	2,1136
290	16,56	729,3	2,1572	14,72	729,3	2,1442	13,25	729,3	2,1325	12,04	729,2	2,1220
300	16,85	734,0	2,1655	14,98	734,0	2,1525	13,48	734,0	2,1409	12,25	734,0	2,1304
310	17,15	738,8	2,1737	15,24	738,7	2,1607	13,72	738,7	2,1491	12,47	738,7	2,1386
320	17,44	743,5	2,1818	15,50	743,5	2,1688	13,95	743,5	2,1572	12,68	743,5	2,1467
330	17,73	748,3	2,1898	15,76	748,3	2,1768	14,19	748,3	2,1652	12,90	748,3	2,1546
340	18,03	753,1	2,1976	16,03	753,1	2,1847	14,42	753,1	2,1730	13,11	753,0	2,1625
350	18,32	757,9	2,2054	16,29	757,9	2,1924	14,66	757,9	2,1808	13,32	757,8	2,1703
360	18,62	762,7	2,2131	16,55	762,7	2,2001	14,89	762,7	2,1885	13,54	762,7	2,1780
370	18,91	767,6	2,2207	16,81	767,6	2,2077	15,13	767,5	2,1961	13,75	767,5	2,1856
380	19,21	772,4	2,2282	17,07	772,4	2,2152	15,36	772,4	2,2036	13,97	772,4	2,1931
390	19,50	777,3	2,2356	17,33	777,3	2,2226	15,60	777,3	2,2110	14,18	777,3	2,2005
400	19,80	782,2	2,2430	17,60	782,2	2,2300	15,84	782,2	2,2184	14,40	782,2	2,2079
410	20,09	787,1	2,2502	17,86	787,1	2,2372	16,07	787,1	2,2256	14,61	787,1	2,2152
420	20,38	792,1	2,2574	18,12	792,0	2,2444	16,31	792,0	2,2328	14,82	792,0	2,2223
430	20,68	797,0	2,2645	18,38	797,0	2,2515	16,54	797,0	2,2399	15,04	797,0	2,2294
440	20,97	802,0	2,2715	18,64	802,0	2,2586	16,78	802,0	2,2469	15,26	802,0	2,2365
450	21,27	807,0	2,2786	18,90	807,0	2,2656	17,01	807,0	2,2540	15,47	807,0	2,2435
460	21,56	812,0	2,2855	19,17	812,0	2,2725	17,25	812,0	2,2609	15,68	812,0	2,2504
470	21,86	817,1	2,2924	19,43	817,1	2,2794	17,48	817,1	2,2678	15,89	817,1	2,2572
480	22,15	822,2	2,2992	19,69	822,2	2,2862	17,72	822,1	2,2746	16,11	822,1	2,2640
490	22,44	827,3	2,3059	19,95	827,3	2,2929	17,95	827,2	2,2813	16,32	827,2	2,2708
500	22,74	832,3	2,3125	20,21	832,3	2,2995	18,19	832,3	2,2879	16,53	832,3	2,2774
510	23,04	837,5	2,3191	20,48	837,5	2,3061	18,43	837,5	2,2945	16,75	837,5	2,2840
520	23,33	842,7	2,3257	20,74	842,7	2,3127	18,66	842,7	2,3011	16,96	842,7	2,2906
530	23,63	847,9	2,3322	21,00	847,9	2,3192	18,90	847,9	2,3076	17,18	847,9	2,2971
540	23,92	853,1	2,3387	21,26	853,1	2,3257	19,13	853,1	2,3141	17,39	853,1	2,3036
550	24,22	858,3	2,3451	21,52	858,3	2,3321	19,36	858,3	2,3205	17,61	858,3	2,3109

Tafel III. Wasser und überhitzter Dampf (Fortsetzung).

t	0,24 at $t_s = 63,65$			0,26 at $t_s = 65,44$			0,28 at $t_s = 67,11$			0,30 at $t_s = 68,68$		
	v'' 6,568	i'' 624,7	s'' 1,8753	v'' 6,094	i'' 625,4	s'' 1,8685	v'' 5,684	i'' 626,1	s'' 1,8624	v'' 5,328	i'' 626,8	s'' 1,8567
	v	i	s	v	i	s	v	i	s	v	i	s
0	0,0010002	0,0	0,0000	0,0010002	0,0	0,0000	0,0010002	0,0	0,0000	0,0010002	0,0	0,0000
10	0,0010003	10,0	0,0361	0,0010003	10,0	0,0361	0,0010003	10,0	0,0361	0,0010003	10,0	0,0361
20	0,0010018	20,0	0,0708	0,0010018	20,0	0,0708	0,0010018	20,0	0,0708	0,0010018	20,0	0,0708
30	0,0010044	30,0	0,1042	0,0010044	30,0	0,1042	0,0010044	30,0	0,1042	0,0010044	30,0	0,1042
40	0,0010079	40,0	0,1365	0,0010079	40,0	0,1365	0,0010079	40,0	0,1365	0,0010079	40,0	0,1365
50	0,0010121	50,0	0,1679	0,0010121	50,0	0,1679	0,0010121	50,0	0,1679	0,0010121	50,0	0,1679
60	0,0010171	59,9	0,1984	0,0010171	59,9	0,1984	0,0010171	59,9	0,1984	0,0010171	59,9	0,1984
70	6,698	627,6	1,8841	6,179	627,5	1,8751	5,735	627,5	1,8666	5,350	627,4	1,8587
80	6,898	632,4	1,8975	6,364	632,3	1,8885	5,908	632,2	1,8802	5,512	632,2	1,8724
90	7,096	637,0	1,9103	6,548	636,9	1,9014	6,079	636,8	1,8931	5,672	636,8	1,8854
100	7,295	641,5	1,9227	6,732	641,5	1,9138	6,249	641,4	1,9055	5,831	641,4	1,8978
110	7,492	646,1	1,9347	6,915	646,0	1,9258	6,419	646,0	1,9176	5,989	646,0	1,9099
120	7,690	650,6	1,9464	7,097	650,6	1,9375	6,589	650,5	1,9293	6,148	650,5	1,9216
130	7,887	655,2	1,9579	7,279	655,1	1,9490	6,758	655,1	1,9408	6,306	655,0	1,9331
140	8,085	659,7	1,9691	7,461	659,7	1,9602	6,927	659,7	1,9520	6,464	659,6	1,9443
150	8,282	664,3	1,9800	7,644	664,3	1,9711	7,096	664,3	1,9629	6,622	664,2	1,9552
160	8,479	668,9	1,9907	7,826	668,8	1,9818	7,266	668,8	1,9736	6,780	668,8	1,9659
170	8,676	673,4	2,0011	8,007	673,4	1,9923	7,435	673,4	1,9840	6,938	673,4	1,9764
180	8,873	678,0	2,0113	8,189	678,0	2,0025	7,603	678,0	1,9942	7,096	678,0	1,9866
190	9,070	682,6	2,0214	8,371	682,6	2,0125	7,772	682,6	2,0043	7,253	682,6	1,9967
200	9,266	687,2	2,0312	8,553	687,2	2,0223	7,941	687,2	2,0142	7,411	687,2	2,0065
210	9,463	691,8	2,0409	8,734	691,8	2,0320	8,110	691,8	2,0238	7,568	691,8	2,0162
220	9,660	696,5	2,0504	8,916	696,5	2,0415	8,278	696,5	2,0333	7,726	696,4	2,0257
230	9,857	701,1	2,0597	9,098	701,1	2,0508	8,447	701,1	2,0426	7,883	701,1	2,0350
240	10,05	705,8	2,0688	9,279	705,8	2,0600	8,616	705,7	2,0518	8,041	705,7	2,0442
250	10,25	710,4	2,0778	9,461	710,4	2,0690	8,784	710,4	2,0608	8,198	710,4	2,0532
260	10,45	715,1	2,0867	9,642	715,1	2,0778	8,953	715,1	2,0697	8,355	715,1	2,0620
270	10,64	719,8	2,0954	9,823	719,8	2,0865	9,121	719,8	2,0784	8,513	719,7	2,0707
280	10,84	724,5	2,1040	10,00	724,5	2,0951	9,290	724,5	2,0870	8,670	724,4	2,0793
290	11,04	729,2	2,1124	10,19	729,2	2,1036	9,458	729,2	2,0954	8,827	729,2	2,0878
300	11,23	734,0	2,1208	10,37	734,0	2,1121	9,627	733,9	2,1037	8,984	733,9	2,0961
310	11,43	738,7	2,1290	10,55	738,7	2,1201	9,795	738,7	2,1119	9,141	738,7	2,1043
320	11,62	743,5	2,1371	10,73	743,4	2,1282	9,963	743,4	2,1200	9,299	743,4	2,1124
330	11,82	748,2	2,1450	10,91	748,2	2,1362	10,13	748,2	2,1280	9,456	748,2	2,1204
340	12,02	753,0	2,1529	11,09	753,0	2,1441	10,30	753,0	2,1359	9,613	753,0	2,1283
350	12,21	757,8	2,1607	11,27	757,8	2,1519	10,47	757,8	2,1437	9,770	757,8	2,1361
360	12,41	762,7	2,1684	11,46	762,7	2,1596	10,64	762,7	2,1514	9,927	762,6	2,1438
370	12,61	767,5	2,1760	11,64	767,5	2,1672	10,80	767,5	2,1590	10,08	767,5	2,1514
380	12,80	772,4	2,1835	11,82	772,4	2,1747	10,97	772,4	2,1665	10,24	772,4	2,1589
390	13,00	777,3	2,1909	12,00	777,3	2,1821	11,14	777,3	2,1739	10,40	777,2	2,1663
400	13,20	782,2	2,1983	12,18	782,2	2,1894	11,31	782,2	2,1812	10,56	782,1	2,1736
410	13,39	787,1	2,2055	12,36	787,1	2,1967	11,48	787,1	2,1885	10,71	787,1	2,1809
420	13,59	792,0	2,2127	12,54	792,0	2,2039	11,65	792,0	2,1957	10,87	792,0	2,1881
430	13,78	797,0	2,2198	12,72	797,0	2,2110	11,81	797,0	2,2028	11,03	797,0	2,1952
440	13,98	802,0	2,2269	12,90	802,0	2,2181	11,98	802,0	2,2098	11,18	802,0	2,2023
450	14,18	807,0	2,2339	13,09	807,0	2,2251	12,15	807,0	2,2168	11,34	807,0	2,2093
460	14,37	812,0	2,2408	13,27	812,0	2,2320	12,32	812,0	2,2238	11,50	812,0	2,2162
470	14,57	817,1	2,2477	13,45	817,0	2,2388	12,49	817,0	2,2307	11,66	817,0	2,2230
480	14,77	822,1	2,2545	13,63	822,1	2,2456	12,65	822,1	2,2375	11,81	822,1	2,2298
490	14,96	827,2	2,2612	13,81	827,2	2,2523	12,82	827,2	2,2442	11,97	827,2	2,2365
500	15,16	832,3	2,2678	13,99	832,3	2,2590	12,99	832,3	2,2508	12,13	832,3	2,2432
510	15,36	837,5	2,2744	14,17	837,4	2,2656	13,16	837,4	2,2574	12,28	837,4	2,2498
520	15,55	842,6	2,2810	14,35	842,6	2,2722	13,33	842,6	2,2640	12,44	842,6	2,2564
530	15,75	847,8	2,2875	14,53	847,8	2,2787	13,50	847,8	2,2705	12,59	847,8	2,2629
540	15,94	853,0	2,2940	14,72	853,0	2,2851	13,66	853,0	2,2770	12,75	853,0	2,2694
550	16,14	858,3	2,3004	14,90	858,3	2,2915	13,83	858,3	2,2834	12,91	858,3	2,2758

Tafel III. Wasser und überhitzter Dampf (Fortsetzung).

t	0,32 at $t_s = 70,16$			0,34 at $t_s = 71,57$			0,36 at $t_x = 72,91$			0,38 at $t_x = 74,19$		
	v'' 5,015	i'' 627,4	s'' 1,8516	v'' 4,738	i'' 627,9	s'' 1,8467	v'' 4,491	i'' 628,5	s'' 1,8420	v'' 4,269	i'' 629,0	s'' 1,8376
	v	i	s	v	i	s	v	i	s	v	i	s
0	0,0010002	0,0	0,0000	0,0010002	0,0	0,0000	0,0010002	0,0	0,0000	0,0010002	0,0	0,0000
10	0,0010003	10,0	0,0361	0,0010003	10,0	0,0361	0,0010003	10,0	0,0361	0,0010003	10,0	0,0361
20	0,0010018	20,0	0,0708	0,0010018	20,0	0,0708	0,0010018	20,0	0,0708	0,0010018	20,0	0,0708
30	0,0010044	30,0	0,1042	0,0010044	30,0	0,1042	0,0010044	30,0	0,1042	0,0010044	30,0	0,1042
40	0,0010079	40,0	0,1365	0,0010079	40,0	0,1365	0,0010079	40,0	0,1365	0,0010079	40,0	0,1365
50	0,0010121	50,0	0,1679	0,0010121	50,0	0,1679	0,0010121	50,0	0,1679	0,0010121	50,0	0,1679
60	0,0010171	59,9	0,1984	0,0010171	59,9	0,1984	0,0010171	59,9	0,1984	0,0010171	59,9	0,1984
70	0,0010228	69,9	0,2280	0,0010228	69,9	0,2280	0,0010228	69,9	0,2280	0,0010228	69,9	0,2280
80	5,165	632,1	1,8651	4,860	632,0	1,8582	4,588	631,9	1,8517	4,344	631,8	1,8455
90	5,315	636,8	1,8781	5,001	636,6	1,8713	4,722	636,6	1,8649	4,471	636,5	1,8588
100	5,465	641,4	1,8906	5,142	641,3	1,8838	4,855	641,3	1,8774	4,598	641,2	1,8714
110	5,614	646,0	1,9027	5,282	645,9	1,8959	4,988	645,8	1,8895	4,724	645,8	1,8835
120	5,763	650,5	1,9145	5,422	650,4	1,9077	5,120	650,4	1,9013	4,850	650,4	1,8953
130	5,911	655,0	1,9259	5,562	655,0	1,9192	5,252	654,9	1,9128	4,975	654,9	1,9068
140	6,059	659,6	1,9371	5,702	659,6	1,9304	5,384	659,5	1,9240	5,100	659,5	1,9180
150	6,207	664,2	1,9481	5,841	664,2	1,9413	5,516	664,1	1,9350	5,225	664,1	1,9290
160	6,355	668,7	1,9588	5,981	668,7	1,9520	5,648	668,7	1,9457	5,350	668,7	1,9397
170	6,503	673,3	1,9692	6,120	673,3	1,9625	5,779	673,3	1,9562	5,474	673,3	1,9502
180	6,651	678,0	1,9794	6,259	677,9	1,9728	5,911	677,9	1,9664	5,599	677,9	1,9604
190	6,799	682,5	1,9895	6,399	682,5	1,9829	6,042	682,5	1,9764	5,724	682,5	1,9704
200	6,947	687,2	1,9994	6,538	687,1	1,9927	6,174	687,1	1,9863	5,848	687,1	1,9803
210	7,095	691,8	2,0091	6,677	691,8	2,0023	6,305	691,7	1,9960	5,973	691,7	1,9900
220	7,242	696,4	2,0186	6,816	696,4	2,0118	6,437	696,4	2,0055	6,098	696,4	1,9995
230	7,390	701,1	2,0279	6,955	701,0	2,0211	6,568	701,0	2,0148	6,222	701,0	2,0088
240	7,538	705,7	2,0370	7,094	705,7	2,0303	6,699	705,7	2,0240	6,346	705,7	2,0180
250	7,685	710,4	2,0460	7,233	710,4	2,0393	6,830	710,4	2,0330	6,470	710,3	2,0270
260	7,833	715,1	2,0549	7,371	715,1	2,0482	6,961	715,0	2,0419	6,595	715,0	2,0359
270	7,980	719,7	2,0636	7,510	719,7	2,0569	7,093	719,7	2,0506	6,719	719,7	2,0446
280	8,128	724,4	2,0722	7,649	724,4	2,0655	7,224	724,4	2,0592	6,843	724,4	2,0532
290	8,275	729,2	2,0806	7,788	729,2	2,0739	7,355	729,2	2,0678	6,967	729,1	2,0617
300	8,422	733,9	2,0889	7,927	733,9	2,0823	7,486	733,9	2,0760	7,091	733,9	2,0700
310	8,570	738,7	2,0972	8,065	738,7	2,0905	7,617	738,6	2,0842	7,216	738,6	2,0782
320	8,717	743,4	2,1053	8,204	743,4	2,0986	7,748	743,4	2,0923	7,340	743,4	2,0863
330	8,864	748,2	2,1133	8,343	748,2	2,1066	7,879	748,2	2,1003	7,464	748,2	2,0943
340	9,012	753,0	2,1212	8,481	753,0	2,1145	8,010	753,0	2,1082	7,588	753,0	2,1022
350	9,159	757,8	2,1290	8,620	757,8	2,1223	8,141	757,8	2,1160	7,712	757,8	2,1100
360	9,306	762,6	2,1367	8,759	762,6	2,1300	8,272	762,6	2,1237	7,836	762,6	2,1177
370	9,454	767,5	2,1443	8,897	767,5	2,1376	8,403	767,5	2,1313	7,960	767,5	2,1253
380	9,601	772,3	2,1518	9,063	772,3	2,1451	8,534	772,3	2,1388	8,084	772,3	2,1328
390	9,748	777,2	2,1592	9,175	777,2	2,1525	8,665	777,2	2,1462	8,208	777,2	2,1402
400	9,896	782,1	2,1665	9,313	782,1	2,1598	8,796	782,1	2,1535	8,332	782,1	2,1475
410	10,04	787,1	2,1738	9,452	787,1	2,1671	8,926	787,1	2,1608	8,456	787,0	2,1548
420	10,19	792,0	2,1810	9,590	792,0	2,1743	9,057	792,0	2,1680	8,580	792,0	2,1620
430	10,34	797,0	2,1881	9,729	797,0	2,1814	9,188	797,0	2,1751	8,704	797,0	2,1691
440	10,48	802,0	2,1952	9,867	802,0	2,1885	9,319	802,0	2,1822	8,828	802,0	2,1762
450	10,63	807,0	2,2022	10,01	807,0	2,1955	9,450	807,0	2,1892	8,952	806,9	2,1832
460	10,78	812,0	2,2091	10,14	812,0	2,2024	9,581	812,0	2,1961	9,076	812,0	2,1901
470	10,93	817,0	2,2159	10,28	817,0	2,2092	9,712	817,0	2,2029	9,200	817,0	2,1970
480	11,07	822,1	2,2227	10,42	822,1	2,2160	9,842	822,1	2,2097	9,324	822,1	2,2038
490	11,22	827,2	2,2294	10,56	827,2	2,2227	9,973	827,2	2,2164	9,448	827,2	2,2105
500	11,37	832,3	2,2361	10,70	832,3	2,2294	10,10	832,3	2,2230	9,572	832,3	2,2171
510	11,51	837,4	2,2427	10,84	837,4	2,2360	10,24	837,4	2,2297	9,696	837,4	2,2237
520	11,66	842,6	2,2493	10,98	842,6	2,2426	10,37	842,6	2,2363	9,820	842,6	2,2303
530	11,81	847,8	2,2558	11,12	847,8	2,2491	10,50	847,8	2,2428	9,944	847,8	2,2368
540	11,96	853,0	2,2622	11,25	853,0	2,2556	10,63	853,0	2,2493	10,07	853,0	2,2433
550	12,10	858,3	2,2686	11,39	858,3	2,2621	10,76	858,3	2,2558	10,19	858,3	2,2497

Tafel III. Wasser und überhitzter Dampf (Fortsetzung).

t	0,40 at $t_s = 75,42$			0,45 at $t_s = 78,27$			0,50 at $t_s = 80,86$			0,55 at $t_s = 83,25$		
	v'' 4,069	i'' 629,5	s'' 1,8334	v'' 3,643	i'' 630,6	s'' 1,8237	v'' 3,301	i'' 631,6	s'' 1,8150	v'' 3,019	i'' 632,5	s'' 1,8072
	v	i	s	v	i	s	v	i	s	v	i	s
0	0,0010002	0,0	0,0000	0,0010002	0,0	0,0000	0,0010002	0,0	0,0000	0,0010002	0,0	0,0000
10	0,0010003	10,0	0,0361	0,0010003	10,1	0,0361	0,0010003	10,1	0,0361	0,0010003	10,1	0,0361
20	0,0010018	20,0	0,0708	0,0010018	20,0	0,0708	0,0010018	20,0	0,0708	0,0010018	20,0	0,0708
30	0,0010044	30,0	0,1042	0,0010044	30,0	0,1042	0,0010044	30,0	0,1042	0,0010044	30,0	0,1042
40	0,0010079	40,0	0,1365	0,0010079	40,0	0,1365	0,0010079	40,0	0,1365	0,0010079	40,0	0,1365
50	0,0010121	50,0	0,1680	0,0010121	50,0	0,1680	0,0010121	50,0	0,1680	0,0010121	50,0	0,1680
60	0,0010171	59,9	0,1984	0,0010171	59,9	0,1984	0,0010171	59,9	0,1984	0,0010171	59,9	0,1984
70	0,0010228	69,9	0,2280	0,0010228	69,9	0,2280	0,0010228	69,9	0,2280	0,0010228	69,9	0,2280
80	4,125	631,7	1,8396	3,663	631,5	1,8260	0,0010290	80,0	0,2567	0,0010290	80,0	0,2567
90	4,247	636,5	1,8530	3,772	636,3	1,8396	3,392	636,1	1,8276	3,080	635,9	1,8166
100	4,367	641,2	1,8656	3,879	641,0	1,8524	3,489	640,9	1,8405	3,169	640,7	1,8296
110	4,487	645,7	1,8778	3,986	645,6	1,8646	3,585	645,6	1,8528	3,257	645,4	1,8420
120	4,606	650,3	1,8896	4,092	650,2	1,8764	3,681	650,2	1,8646	3,345	650,1	1,8540
130	4,725	654,9	1,9011	4,198	654,8	1,8879	3,777	654,7	1,8762	3,432	654,7	1,8655
140	4,844	659,5	1,9123	4,304	659,4	1,8992	3,872	659,3	1,8874	3,518	659,3	1,8768
150	4,963	664,1	1,9233	4,410	664,0	1,9102	3,967	664,0	1,8984	3,605	663,9	1,8878
160	5,081	668,7	1,9340	4,515	668,6	1,9209	4,062	668,5	1,9092	3,692	668,5	1,8986
170	5,200	673,3	1,9445	4,621	673,2	1,9314	4,157	673,1	1,9197	3,778	673,1	1,9091
180	5,319	677,9	1,9548	4,726	677,8	1,9417	4,252	677,7	1,9300	3,865	677,7	1,9194
190	5,437	682,5	1,9648	4,831	682,4	1,9517	4,347	682,3	1,9400	3,951	682,3	1,9295
200	5,555	687,1	1,9746	4,937	687,0	1,9616	4,442	687,0	1,9499	4,037	686,9	1,9393
210	5,674	691,7	1,9843	5,042	691,6	1,9713	4,537	691,6	1,9596	4,123	691,5	1,9490
220	5,792	696,3	1,9938	5,147	696,3	1,9808	4,631	696,2	1,9691	4,210	696,2	1,9585
230	5,910	701,0	2,0031	5,252	700,9	1,9901	4,726	700,9	1,9784	4,296	700,9	1,9679
240	6,028	705,6	2,0123	5,357	705,6	1,9993	4,821	705,6	1,9876	4,382	705,5	1,9771
250	6,146	710,3	2,0213	5,462	710,3	2,0083	4,915	710,2	1,9966	4,468	710,2	1,9861
260	6,264	715,0	2,0302	5,567	715,0	2,0172	5,010	714,9	2,0055	4,554	714,9	1,9950
270	6,383	719,7	2,0389	5,672	719,7	2,0259	5,104	719,6	2,0142	4,640	719,6	2,0037
280	6,501	724,4	2,0475	5,777	724,4	2,0345	5,199	724,3	2,0228	4,726	724,3	2,0123
290	6,619	729,1	2,0560	5,882	729,1	2,0430	5,294	729,1	2,0313	4,812	729,0	2,0208
300	6,737	733,9	2,0643	5,987	733,8	2,0513	5,388	733,8	2,0397	4,898	733,8	2,0291
310	6,855	738,6	2,0725	6,092	738,6	2,0595	5,482	738,6	2,0479	4,983	738,5	2,0373
320	6,972	743,4	2,0806	6,197	743,3	2,0676	5,577	743,3	2,0560	5,069	743,3	2,0454
330	7,090	748,2	2,0886	6,302	748,1	2,0756	5,671	748,1	2,0640	5,155	748,1	2,0534
340	7,208	753,0	2,0965	6,407	752,9	2,0835	5,766	752,9	2,0719	5,241	752,9	2,0613
350	7,326	757,8	2,1043	6,512	757,7	2,0913	5,860	757,7	2,0797	5,327	757,7	2,0691
360	7,444	762,6	2,1120	6,616	762,6	2,0990	5,954	762,6	2,0874	5,413	762,5	2,0768
370	7,562	767,5	2,1196	6,721	767,4	2,1066	6,049	767,4	2,0950	5,498	767,4	2,0844
380	7,680	772,3	2,1271	6,826	772,3	2,1141	6,143	772,3	2,1025	5,584	772,3	2,0919
390	7,798	777,2	2,1345	6,931	777,2	2,1215	6,238	777,2	2,1099	5,670	777,2	2,0994
400	7,916	782,1	2,1419	7,036	782,1	2,1289	6,332	782,1	2,1172	5,756	782,1	2,1067
410	8,033	787,0	2,1491	7,140	787,0	2,1361	6,426	787,0	2,1245	5,841	787,0	2,1140
420	8,151	792,0	2,1563	7,245	792,0	2,1433	6,520	791,9	2,1317	5,927	791,9	2,1212
430	8,269	796,9	2,1634	7,350	796,9	2,1504	6,614	796,9	2,1388	6,013	796,9	2,1283
440	8,387	801,9	2,1705	7,455	801,9	2,1575	6,709	801,9	2,1459	6,099	801,9	2,1353
450	8,505	806,9	2,1776	7,559	806,9	2,1646	6,803	806,9	2,1529	6,184	806,9	2,1423
460	8,623	812,0	2,1845	7,664	811,9	2,1715	6,897	811,9	2,1598	6,270	811,9	2,1493
470	8,740	817,0	2,1913	7,769	817,0	2,1783	6,991	817,0	2,1667	6,356	817,0	2,1562
480	8,858	822,1	2,1981	7,873	822,1	2,1851	7,086	822,1	2,1735	6,441	822,0	2,1630
490	8,976	827,2	2,2048	7,978	827,2	2,1918	7,180	827,2	2,1802	6,527	827,1	2,1697
500	9,093	832,3	2,2115	8,083	832,3	2,1985	7,274	832,3	2,1869	6,613	832,2	2,1764
510	9,211	837,4	2,2181	8,188	837,4	2,2051	7,369	837,4	2,1935	6,698	837,4	2,1830
520	9,329	842,6	2,2247	8,292	842,6	2,2117	7,463	842,6	2,2000	6,784	842,6	2,1895
530	9,447	847,8	2,2312	8,396	847,8	2,2182	7,557	847,8	2,2065	6,869	847,8	2,1960
540	9,564	853,0	2,2376	8,501	853,0	2,2246	7,651	853,0	2,2130	6,955	853,0	2,2025
550	9,682	858,3	2,2440	8,606	858,3	2,2310	7,745	858,3	2,2194	7,040	858,2	2,2090

Tafel III. Wasser und überhitzter Dampf (Fortsetzung).

t	0,60 at $t_s = 85,45$			0,65 at $t_s = 87,51$			0,70 at $t_s = 89,45$			0,75 at $t_s = 91,27$		
	v'' 2,783	i'' 633,4	s'' 1,8001	v'' 2,582	i'' 634,2	s'' 1,7935	v'' 2,409	i'' 634,9	s'' 1,7874	v'' 2,258	i'' 635,6	s'' 1,7818
	v	i	s	v	i	s	v	i	s	v	i	s
0	0,0010002	0,0	0,0000	0,0010002	0,0	0,0000	0,0010002	0,0	0,0000	0,0010002	0,0	0,0000
10	0,0010003	10,1	0,0361	0,0010003	10,1	0,0361	0,0010003	10,1	0,0361	0,0010003	10,1	0,0361
20	0,0010018	20,0	0,0708	0,0010018	20,0	0,0708	0,0010018	20,1	0,0708	0,0010018	20,1	0,0708
30	0,0010044	30,0	0,1042	0,0010044	30,0	0,1042	0,0010044	30,0	0,1042	0,0010044	30,0	0,1042
40	0,0010079	40,0	0,1365	0,0010079	40,0	0,1365	0,0010079	40,0	0,1365	0,0010079	40,0	0,1365
50	0,0010121	50,0	0,1680	0,0010121	50,0	0,1680	0,0010121	50,0	0,1680	0,0010121	50,0	0,1680
60	0,0010171	59,9	0,1984	0,0010171	59,9	0,1984	0,0010171	60,0	0,1984	0,0010171	60,0	0,1984
70	0,0010228	69,9	0,2280	0,0010228	69,9	0,2280	0,0010228	69,9	0,2280	0,0010228	69,9	0,2280
80	0,0010290	80,0	0,2567	0,0010290	80,0	0,2567	0,0010290	80,0	0,2567	0,0010289	80,0	0,2567
90	2,821	635,7	1,8068	2,601	635,5	1,7971	2,413	635,2	1,7883	0,0010359	90,0	0,2848
100	2,903	640,6	1,8197	2,678	640,4	1,8105	2,485	640,2	1,8020	2,318	640,0	1,7941
110	2,984	645,3	1,8322	2,753	645,2	1,8231	2,555	645,0	1,8147	2,383	644,9	1,8069
120	3,064	650,0	1,8442	2,827	649,9	1,8352	2,624	649,8	1,8268	2,447	649,7	1,8190
130	3,144	654,6	1,8558	2,901	654,5	1,8468	2,693	654,4	1,8385	2,512	654,3	1,8307
140	3,224	659,2	1,8671	2,974	659,1	1,8581	2,761	659,0	1,8498	2,576	658,9	1,8421
150	3,303	663,8	1,8781	3,048	663,7	1,8691	2,829	663,7	1,8608	2,639	663,6	1,8531
160	3,383	668,4	1,8889	3,121	668,3	1,8799	2,897	668,3	1,8716	2,703	668,2	1,8639
170	3,462	673,0	1,8994	3,195	672,9	1,8905	2,966	672,9	1,8822	2,767	672,8	1,8745
180	3,541	677,6	1,9097	3,268	677,6	1,9008	3,034	677,5	1,8925	2,830	677,5	1,8848
190	3,621	682,2	1,9198	3,341	682,2	1,9109	3,102	682,1	1,9026	2,894	682,1	1,8949
200	3,700	686,9	1,9296	3,414	686,8	1,9208	3,170	686,8	1,9125	2,957	686,7	1,9048
210	3,779	691,5	1,9393	3,487	691,4	1,9305	3,237	691,4	1,9222	3,021	691,3	1,9145
220	3,858	696,2	1,9489	3,560	696,1	1,9400	3,305	696,1	1,9317	3,084	696,0	1,9240
230	3,937	700,8	1,9582	3,633	700,8	1,9493	3,373	700,7	1,9411	3,148	700,7	1,9334
240	4,016	705,5	1,9674	3,706	705,5	1,9585	3,441	705,4	1,9503	3,211	705,4	1,9427
250	4,095	710,2	1,9764	3,779	710,2	1,9676	3,509	710,1	1,9593	3,274	710,1	1,9517
260	4,174	714,9	1,9853	3,852	714,8	1,9765	3,576	714,8	1,9682	3,337	714,8	1,9606
270	4,252	719,6	1,9940	3,925	719,5	1,9852	3,644	719,5	1,9770	3,400	719,5	1,9693
280	4,331	724,3	2,0026	3,998	724,2	1,9938	3,711	724,2	1,9856	3,464	724,2	1,9779
290	4,410	729,0	2,0111	4,070	729,0	2,0023	3,779	728,9	1,9941	3,527	728,9	1,9864
300	4,489	733,8	2,0195	4,143	733,7	2,0106	3,847	733,7	2,0024	3,590	733,7	1,9948
310	4,568	738,5	2,0277	4,216	738,5	2,0189	3,914	738,5	2,0107	3,653	738,4	2,0030
320	4,646	743,3	2,0358	4,288	743,2	2,0270	3,982	743,2	2,0188	3,716	743,2	2,0111
330	4,725	748,1	2,0438	4,361	748,0	2,0350	4,049	748,0	2,0268	3,779	748,0	2,0191
340	4,804	752,9	2,0517	4,434	752,8	2,0429	4,117	752,8	2,0347	3,842	752,8	2,0270
350	4,882	757,7	2,0595	4,506	757,7	2,0507	4,184	757,6	2,0425	3,905	757,6	2,0348
360	4,961	762,5	2,0672	4,579	762,5	2,0584	4,252	762,5	2,0502	3,968	762,5	2,0425
370	5,040	767,4	2,0748	4,652	767,3	2,0660	4,319	767,3	2,0578	4,031	767,3	2,0502
380	5,118	772,2	2,0823	4,724	772,2	2,0735	4,387	772,2	2,0653	4,094	772,2	2,0577
390	5,197	777,1	2,0898	4,797	777,1	2,0809	4,454	777,1	2,0727	4,157	777,1	2,0651
400	5,276	782,0	2,0971	4,870	782,0	2,0883	4,521	782,0	2,0801	4,220	782,0	2,0725
410	5,354	787,0	2,1044	4,942	787,0	2,0955	4,589	786,9	2,0874	4,283	786,9	2,0797
420	5,433	791,9	2,1116	5,015	791,9	2,1027	4,656	791,9	2,0945	4,345	791,8	2,0869
430	5,511	796,9	2,1187	5,087	796,9	2,1098	4,724	796,8	2,1017	4,408	796,8	2,0940
440	5,590	801,9	2,1258	5,160	801,9	2,1169	4,791	801,8	2,1088	4,471	801,8	2,1011
450	5,669	806,9	2,1328	5,232	806,9	2,1240	4,858	806,8	2,1158	4,534	806,8	2,1082
460	5,747	811,9	2,1398	5,305	811,9	2,1309	4,926	811,9	2,1227	4,597	811,8	2,1151
470	5,826	817,0	2,1466	5,377	816,9	2,1377	4,993	816,9	2,1296	4,660	816,9	2,1219
480	5,904	822,0	2,1533	5,450	822,0	2,1445	5,060	822,0	2,1364	4,723	822,0	2,1287
490	5,983	827,1	2,1600	5,522	827,1	2,1512	5,128	827,1	2,1431	4,786	827,1	2,1355
500	6,061	832,2	2,1667	5,595	832,2	2,1579	5,195	832,2	2,1497	4,849	832,2	2,1422
510	6,140	837,4	2,1734	5,667	837,3	2,1645	5,263	837,3	2,1563	4,912	837,3	2,1488
520	6,218	842,6	2,1799	5,740	842,5	2,1711	5,330	842,5	2,1629	4,974	842,5	2,1553
530	6,296	847,8	2,1864	5,812	847,7	2,1776	5,397	847,7	2,1694	5,037	847,7	2,1618
540	6,374	853,0	2,1929	5,885	853,0	2,1841	5,464	852,9	2,1759	5,100	852,9	2,1683
550	6,452	858,2	2,1993	5,957	858,2	2,1905	5,531	858,1	2,1824	5,163	858,1	2,1748

Tafel III. Wasser und überhitzter Dampf (Fortsetzung).

t	0,80 at t_s = 92,99			0,85 at t_s = 94,62			0,90 at t_s = 96,18			0,95 at t_s = 97,66		
	v'' 2,125	i'' 636,2	s'' 1,7767	v'' 2,008	i'' 636,8	s'' 1,7719	v'' 1,904	i'' 637,4	s'' 1,7673	v'' 1,810	i'' 638,0	s'' 1,7629
	v	i	s	v	i	s	v	i	s	v	i	s
0	0,0010002	0,0	0,0000	0,0010002	0,0	0,0000	0,0010002	0,0	0,0000	0,0010002	0,0	0,0000
10	0,0010003	10,1	0,0361	0,0010003	10,1	0,0361	0,0010003	10,1	0,0361	0,0010003	10,1	0,0361
20	0,0010018	20,1	0,0708	0,0010018	20,1	0,0708	0,0010018	20,1	0,0708	0,0010018	20,1	0,0708
30	0,0010044	30,0	0,1042	0,0010044	30,0	0,1042	0,0010044	30,0	0,1042	0,0010044	30,0	0,1042
40	0,0010079	40,0	0,1365	0,0010079	40,0	0,1365	0,0010079	40,0	0,1365	0,0010079	40,0	0,1365
50	0,0010121	50,0	0,1680	0,0010121	50,0	0,1680	0,0010121	50,0	0,1680	0,0010121	50,0	0,1680
60	0,0010171	60,0	0,1984	0,0010171	60,0	0,1984	0,0010171	60,0	0,1984	0,0010171	60,0	0,1984
70	0,0010228	69,9	0,2280	0,0010228	69,9	0,2280	0,0010228	69,9	0,2280	0,0010228	69,9	0,2280
80	0,0010289	80,0	0,2567	0,0010289	80,0	0,2567	0,0010289	80,0	0,2567	0,0010289	80,0	0,2567
90	0,0010359	90,0	0,2848	0,0010359	90,0	0,2848	0,0010359	90,0	0,2848	0,0010359	90,0	0,2848
100	2,170	639,9	1,7865	2,041	639,7	1,7794	1,926	639,5	1,7726	1,823	639,3	1,7661
110	2,232	644,8	1,7995	2,099	644,6	1,7925	1,981	644,5	1,7859	1,876	644,4	1,7796
120	2,293	649,6	1,8117	2,157	649,5	1,8048	2,036	649,3	1,7983	1,928	649,2	1,7921
130	2,354	654,3	1,8234	2,214	654,2	1,8166	2,090	654,0	1,8101	1,979	653,9	1,8040
140	2,414	658,9	1,8348	2,271	658,8	1,8280	2,144	658,7	1,8215	2,030	658,6	1,8154
150	2,473	663,5	1,8459	2,327	663,5	1,8391	2,197	663,4	1,8326	2,080	663,3	1,8265
160	2,533	668,1	1,8567	2,384	668,1	1,8499	2,250	668,0	1,8435	2,131	667,9	1,8374
170	2,593	672,8	1,8673	2,440	672,7	1,8604	2,303	672,6	1,8541	2,182	672,5	1,8480
180	2,653	677,4	1,8776	2,496	677,3	1,8708	2,357	677,3	1,8644	2,232	677,2	1,8584
190	2,712	682,0	1,8877	2,552	681,9	1,8810	2,410	681,9	1,8746	2,282	681,8	1,8685
200	2,772	686,7	1,8976	2,608	686,6	1,8909	2,463	686,6	1,8845	2,332	686,5	1,8784
210	2,831	691,3	1,9073	2,664	691,2	1,9006	2,516	691,2	1,8942	2,383	691,2	1,8882
220	2,891	696,0	1,9169	2,720	695,9	1,9101	2,569	695,9	1,9038	2,433	695,8	1,8978
230	2,950	700,6	1,9263	2,776	700,6	1,9195	2,621	700,6	1,9132	2,483	700,5	1,9071
240	3,010	705,3	1,9355	2,832	705,3	1,9287	2,673	705,2	1,9224	2,533	705,2	1,9163
250	3,069	710,0	1,9445	2,888	710,0	1,9378	2,727	709,9	1,9314	2,583	709,9	1,9254
260	3,128	714,7	1,9534	2,944	714,7	1,9467	2,780	714,7	1,9403	2,633	714,6	1,9443
270	3,187	719,4	1,9622	2,999	719,4	1,9555	2,832	719,3	1,9491	2,683	719,3	1,9431
280	3,247	724,1	1,9708	3,055	724,1	1,9641	2,885	724,1	1,9576	2,733	724,0	1,9517
290	3,306	728,9	1,9793	3,111	728,9	1,9725	2,938	728,8	1,9662	2,783	728,8	1,9602
300	3,365	733,6	1,9876	3,167	733,6	1,9809	2,990	733,6	1,9746	2,833	733,5	1,9686
310	3,424	738,4	1,9959	3,222	738,4	1,9891	3,043	738,3	1,9828	2,882	738,3	1,9768
320	3,483	743,2	2,0040	3,278	743,1	1,9973	3,096	743,1	1,9909	2,932	743,1	1,9849
330	3,542	748,0	2,0120	3,334	747,9	2,0053	3,148	747,9	1,9989	2,982	747,9	1,9930
340	3,601	752,8	2,0199	3,389	752,7	2,0132	3,201	752,7	2,0069	3,032	752,7	2,0009
350	3,660	757,6	2,0277	3,445	757,6	2,0210	3,253	757,5	2,0147	3,082	757,5	2,0087
360	3,720	762,4	2,0354	3,501	762,4	2,0287	3,306	762,4	2,0224	3,132	762,3	2,0164
370	3,779	767,3	2,0430	3,556	767,3	2,0363	3,358	767,2	2,0300	3,181	767,2	2,0240
380	3,838	772,1	2,0505	3,612	772,1	2,0438	3,411	772,1	2,0375	3,231	772,1	2,0315
390	3,897	777,0	2,0579	3,667	777,0	2,0512	3,463	777,0	2,0449	3,281	777,0	2,0390
400	3,956	782,0	2,0653	3,723	781,9	2,0586	3,516	781,9	2,0523	3,330	781,9	2,0463
410	4,015	786,9	2,0726	3,778	786,9	2,0659	3,568	786,9	2,0596	3,380	786,8	2,0536
420	4,074	791,8	2,0798	3,834	791,8	2,0731	3,621	791,8	2,0668	3,430	791,8	2,0608
430	4,132	796,8	2,0869	3,889	796,8	2,0802	3,673	796,8	2,0739	3,480	796,8	2,0679
440	4,191	801,8	2,0940	3,945	801,8	2,0873	3,725	801,8	2,0810	3,529	801,8	2,0750
450	4,250	806,8	2,1010	4,000	806,8	2,0943	3,778	806,8	2,0880	3,579	806,8	2,0820
460	4,309	811,8	2,1079	4,056	811,8	2,1012	3,830	811,8	2,0949	3,629	811,8	2,0890
470	4,368	816,9	2,1148	4,111	816,9	2,1081	3,883	816,9	2,1018	3,678	816,9	2,0958
480	4,427	822,0	2,1216	4,167	822,0	2,1149	3,936	821,9	2,1086	3,728	821,9	2,1026
490	4,486	827,1	2,1283	4,222	827,1	2,1216	3,988	827,1	2,1153	3,777	827,0	2,1093
500	4,545	832,2	2,1350	4,278	832,2	2,1283	4,040	832,2	2,1220	3,827	832,2	2,1160
510	4,604	837,3	2,1416	4,333	837,3	2,1349	4,093	837,3	2,1286	3,876	837,3	2,1226
520	4,663	842,5	2,1482	4,389	842,5	2,1415	4,145	842,5	2,1352	3,926	842,5	2,1292
530	4,722	847,7	2,1547	4,444	847,7	2,1480	4,197	847,7	2,1417	3,976	847,7	2,1357
540	4,781	852,9	2,1612	4,500	852,9	2,1545	4,249	852,9	2,1482	4,026	852,9	2,1422
550	4,840	858,1	2,1677	4,555	858,1	2,1609	4,302	858,1	2,1547	4,075	858,1	2,1486

Tafel III. Wasser und überhitzter Dampf (Fortsetzung).

t	1,0 at $t_s = 99,09$			1,1 at $t_s = 101,76$			1,2 at $t_s = 104,25$			1,3 at $t_s = 106,56$		
	v'' 1,725	i'' 638,5	s'' 1,7587	v'' 1,578	i'' 639,4	s'' 1,7510	v'' 1,455	i'' 640,3	s'' 1,7440	v'' 1,350	i'' 641,2	s'' 1,7375
	v	i	s	v	i	s	v	i	s	v	i	s
0	0,0010002	0,0	0,0000	0,0010002	0,0	0,0000	0,0010002	0,0	0,0000	0,0010001	0,0	0,0000
10	0,0010003	10,1	0,0361	0,0010003	10,1	0,0361	0,0010003	10,1	0,0361	0,0010003	10,1	0,0361
20	0,0010018	20,1	0,0708	0,0010018	20,1	0,0708	0,0010018	20,1	0,0708	0,0010018	20,1	0,0708
30	0,0010044	30,0	0,1042	0,0010043	30,0	0,1042	0,0010043	30,0	0,1042	0,0010043	30,0	0,1042
40	0,0010079	40,0	0,1365	0,0010079	40,0	0,1365	0,0010078	40,0	0,1365	0,0010078	40,0	0,1365
50	0,0010121	50,0	0,1680	0,0010121	50,0	0,1680	0,0010121	50,0	0,1680	0,0010120	50,0	0,1680
60	0,0010170	60,0	0,1984	0,0010170	60,0	0,1984	0,0010170	60,0	0,1984	0,0010170	60,0	0,1984
70	0,0010227	69,9	0,2280	0,0010227	69,9	0,2280	0,0010227	69,9	0,2280	0,0010227	69,9	0,2280
80	0,0010289	80,0	0,2567	0,0010289	80,0	0,2567	0,0010289	80,0	0,2567	0,0010289	80,0	0,2567
90	0,0010359	90,0	0,2848	0,0010358	90,0	0,2848	0,0010358	90,0	0,2848	0,0010358	90,0	0,2848
100	1,730	639,1	1,7599	0,0010435	100,0	0,3121	0,0010435	100,0	0,3121	0,0010435	100,0	0,3121
110	1,781	644,2	1,7736	1,616	643,9	1,7624	1,479	643,6	1,7521	1,363	643,2	1,7424
120	1,830	649,1	1,7862	1,662	648,9	1,7752	1,521	648,6	1,7651	1,403	648,4	1,7558
130	1,879	653,8	1,7981	1,706	653,7	1,7873	1,563	653,5	1,7773	1,441	653,3	1,7681
140	1,927	658,5	1,8096	1,751	658,4	1,7988	1,603	658,2	1,7890	1,479	658,0	1,7798
150	1,976	663,2	1,8207	1,795	663,1	1,8100	1,644	662,9	1,8002	1,516	662,7	1,7911
160	2,024	667,9	1,8316	1,838	667,7	1,8209	1,684	667,6	1,8111	1,553	667,4	1,8020
170	2,072	672,5	1,8422	1,882	672,4	1,8315	1,724	672,3	1,8217	1,590	672,1	1,8127
180	2,120	677,2	1,8526	1,926	677,0	1,8419	1,764	676,9	1,8321	1,627	676,8	1,8231
190	2,167	681,8	1,8628	1,969	681,7	1,8521	1,804	681,6	1,8423	1,664	681,5	1,8333
200	2,215	686,5	1,8727	2,013	686,4	1,8621	1,844	686,3	1,8523	1,701	686,2	1,8433
210	2,263	691,1	1,8824	2,056	691,0	1,8718	1,884	690,9	1,8621	1,738	690,8	1,8531
220	2,311	695,8	1,8920	2,100	695,7	1,8814	1,924	695,6	1,8717	1,775	695,5	1,8627
230	2,358	700,5	1,9014	2,143	700,4	1,8909	1,964	700,3	1,8811	1,812	700,2	1,8721
240	2,406	705,2	1,9106	2,186	705,1	1,9001	2,003	705,0	1,8903	1,849	704,9	1,8814
250	2,453	709,9	1,9197	2,230	709,8	1,9091	2,043	709,7	1,8994	1,885	709,6	1,8905
260	2,501	714,6	1,9286	2,273	714,5	1,9180	2,083	714,4	1,9083	1,922	714,4	1,8994
270	2,548	719,3	1,9374	2,316	719,2	1,9268	2,122	719,1	1,9171	1,958	719,1	1,9082
280	2,596	724,0	1,9460	2,359	723,9	1,9354	2,162	723,9	1,9257	1,995	723,8	1,9168
290	2,643	728,8	1,9545	2,402	728,7	1,9439	2,202	728,6	1,9342	2,032	728,6	1,9253
300	2,691	733,5	1,9629	2,445	733,5	1,9523	2,241	733,4	1,9426	2,068	733,3	1,9337
310	2,738	738,3	1,9711	2,489	738,2	1,9606	2,281	738,2	1,9509	2,105	738,1	1,9420
320	2,785	743,1	1,9793	2,532	743,0	1,9687	2,320	742,9	1,9591	2,141	742,9	1,9501
330	2,833	747,9	1,9873	2,575	747,8	1,9767	2,360	747,7	1,9671	2,178	747,7	1,9582
340	2,880	752,7	1,9952	2,618	752,6	1,9846	2,399	752,5	1,9750	2,214	752,5	1,9661
350	2,927	757,5	2,0030	2,661	757,4	1,9924	2,439	757,4	1,9828	2,251	757,3	1,9739
360	2,975	762,3	2,0107	2,704	762,3	2,0001	2,478	762,2	1,9905	2,287	762,2	1,9816
370	3,022	767,2	2,0183	2,747	767,1	2,0077	2,518	767,1	1,9981	2,323	767,1	1,9893
380	3,069	772,1	2,0258	2,790	772,0	2,0153	2,557	772,0	2,0056	2,360	771,9	1,9968
390	3,116	777,0	2,0333	2,833	776,9	2,0228	2,596	776,9	2,0131	2,396	776,9	2,0042
400	3,164	781,9	2,0407	2,876	781,8	2,0301	2,636	781,8	2,0205	2,433	781,8	2,0116
410	3,211	786,8	2,0480	2,919	786,8	2,0374	2,675	786,7	2,0278	2,469	786,7	2,0189
420	3,258	791,8	2,0552	2,962	791,7	2,0446	2,714	791,7	2,0350	2,505	791,6	2,0261
430	3,305	796,7	2,0622	3,005	796,7	2,0517	2,754	796,7	2,0421	2,542	796,6	2,0332
440	3,353	801,7	2,0693	3,047	801,7	2,0588	2,793	801,7	2,0492	2,578	801,6	2,0403
450	3,400	806,7	2,0764	3,090	806,7	2,0658	2,833	806,7	2,0562	2,614	806,7	2,0474
460	3,447	811,8	2,0833	3,133	811,7	2,0727	2,872	811,7	2,0631	2,651	811,7	2,0543
470	3,494	816,8	2,0902	3,176	816,8	2,0796	2,911	816,8	2,0700	2,687	816,8	2,0612
480	3,541	821,9	2,0970	3,219	821,9	2,0864	2,951	821,9	2,0768	2,723	821,8	2,0679
490	3,588	827,0	2,1037	3,262	827,0	2,0932	2,990	827,0	2,0835	2,760	826,9	2,0747
500	3,636	832,1	2,1104	3,305	832,1	2,0998	3,029	832,1	2,0902	2,796	832,0	2,0814
510	3,683	837,3	2,1170	3,348	837,2	2,1064	3,069	837,2	2,0968	2,833	837,2	2,0880
520	3,730	842,5	2,1235	3,391	842,4	2,1130	3,108	842,4	2,1034	2,869	842,4	2,0945
530	3,777	847,7	2,1300	3,434	847,6	2,1195	3,147	847,6	2,1099	2,905	847,6	2,1010
540	3,824	852,9	2,1365	3,476	852,8	2,1260	3,186	852,8	2,1164	2,941	852,8	2,1075
550	3,871	858,1	2,1429	3,518	858,0	2,1325	3,225	858,0	2,1228	2,977	858,0	2,1140

Tafel III. Wasser und überhitzter Dampf. (Fortsetzung).

t	1,4 at $t_s = 108,74$			1,5 at $t_s = 110,79$			1,6 at $t_s = 112,73$			1,7 at $t_s = 114,57$		
	v'' 1,259	i'' 642,0	s'' 1,7315	v'' 1,180	i'' 642,8	s'' 1,7260	v'' 1,111	i'' 643,5	s'' 1,7209	v'' 1,050	i'' 644,1	s'' 1,7161
	v	i	s	v	i	s	v	i	s	v	i	s
0	0,0010001	0,0	0,0000	0,0010001	0,0	0,0000	0,0010001	0,0	0,0000	0,0010001	0,0	0,0000
10	0,0010003	10,1	0,0361	0,0010003	10,1	0,0361	0,0010003	10,1	0,0361	0,0010003	10,1	0,0361
20	0,0010018	20,1	0,0708	0,0010018	20,1	0,0708	0,0010018	20,1	0,0708	0,0010018	20,1	0,0708
30	0,0010043	30,0	0,1042	0,0010043	30,0	0,1042	0,0010043	30,0	0,1042	0,0010043	30,0	0,1042
40	0,0010078	40,0	0,1365	0,0010078	40,0	0,1365	0,0010078	40,0	0,1365	0,0010078	40,0	0,1365
50	0,0010120	50,0	0,1680	0,0010120	50,0	0,1680	0,0010120	50,0	0,1680	0,0010120	50,0	0,1680
60	0,0010170	60,0	0,1984	0,0010170	60,0	0,1984	0,0010170	60,0	0,1984	0,0010170	60,0	0,1984
70	0,0010227	70,0	0,2280	0,0010227	70,0	0,2280	0,0010227	70,0	0,2280	0,0010227	70,0	0,2280
80	0,0010289	80,0	0,2567	0,0010289	80,0	0,2567	0,0010289	80,0	0,2567	0,0010289	80,0	0,2567
90	0,0010358	90,0	0,2848	0,0010358	90,0	0,2848	0,0010358	90,0	0,2848	0,0010358	90,0	0,2848
100	0,0010435	100,0	0,3121	0,0010435	100,0	0,3121	0,0010435	100,0	0,3121	0,0010435	100,0	0,3121
110	1,264	642,8	1,7333	0,0010515	110,1	0,3387	0,0010515	110,1	0,3387	0,0010515	110,1	0,3387
120	1,301	648,1	1,7470	1,212	647,8	1,7388	1,135	647,5	1,7310	1,067	647,2	1,7237
130	1,337	653,1	1,7595	1,246	652,9	1,7515	1,167	652,6	1,7439	1,097	652,4	1,7368
140	1,372	657,9	1,7713	1,279	657,7	1,7634	1,198	657,5	1,7559	1,126	657,3	1,7489
150	1,407	662,6	1,7826	1,312	662,4	1,7748	1,229	662,3	1,7674	1,155	662,1	1,7604
160	1,441	667,3	1,7936	1,344	667,2	1,7858	1,259	667,0	1,7784	1,184	666,9	1,7715
170	1,476	672,0	1,8043	1,376	671,9	1,7965	1,289	671,8	1,7891	1,213	671,6	1,7823
180	1,510	676,7	1,8148	1,409	676,6	1,8070	1,320	676,5	1,7996	1,242	676,3	1,7928
190	1,545	681,4	1,8250	1,441	681,3	1,8172	1,350	681,1	1,8099	1,270	681,0	1,8031
200	1,579	686,1	1,8350	1,473	686,0	1,8272	1,380	685,8	1,8200	1,298	685,7	1,8131
210	1,613	690,7	1,8448	1,505	690,6	1,8370	1,410	690,5	1,8298	1,327	690,4	1,8230
220	1,648	695,4	1,8544	1,537	695,3	1,8467	1,440	695,3	1,8394	1,355	695,2	1,8326
230	1,682	700,1	1,8638	1,569	700,0	1,8561	1,470	700,0	1,8488	1,383	699,9	1,8421
240	1,716	704,8	1,8731	1,601	704,8	1,8654	1,500	704,7	1,8581	1,412	704,6	1,8514
250	1,750	709,6	1,8822	1,633	709,5	1,8745	1,530	709,4	1,8673	1,440	709,3	1,8605
260	1,784	714,3	1,8911	1,665	714,2	1,8834	1,560	714,1	1,8762	1,468	714,1	1,8694
270	1,818	719,0	1,8999	1,696	718,9	1,8922	1,590	718,9	1.8850	1,496	718,8	1,8782
280	1,852	723,7	1,9086	1,728	723,7	1,9009	1,620	723,6	1,8937	1,524	723,5	1,8869
290	1,886	728,5	1,9171	1,760	728,5	1,9094	1,649	728,4	1,9022	1,552	728,3	1,8954
300	1,920	733,3	1,9255	1,792	733,2	1,9178	1,679	733,2	1,9106	1,580	733,1	1,9039
310	1,954	738,1	1,9338	1,823	738,0	1,9261	1,709	738,0	1,9189	1,608	737,9	1,9121
320	1,988	742,8	1,9419	1,855	742,8	1,9342	1,739	742,7	1,9270	1,636	742,7	1,9203
330	2,022	747,6	1,9499	1,887	747,6	1,9423	1,768	747,5	1,9351	1,664	747,5	1,9283
340	2,056	752,4	1,9579	1,918	752,4	1,9502	1,798	752,3	1,9431	1,692	752,3	1,9363
350	2,089	757,3	1,9657	1,950	757,2	1,9580	1,828	757,2	1,9509	1,720	757,2	1,9441
360	2,123	762,2	1,9734	1,981	762,1	1,9657	1,857	762,1	1,9586	1,748	762,0	1,9519
370	2,157	767,0	1,9810	2,013	767,0	1,9734	1,887	766,9	1,9662	1,776	766,9	1,9595
380	2,191	771,9	1,9886	2,045	771,9	1,9809	1,917	771,8	1,9737	1,804	771,8	1,9670
390	2,225	776,8	1,9960	2,076	776,8	1,9884	1,946	776,7	1,9812	1,831	776,7	1,9745
400	2,259	781,7	2,0034	2,108	781,7	1,9958	1,976	781,6	1,9886	1,859	781,6	1,9819
410	2,292	786,7	2,0107	2,139	786,6	2,0030	2,005	786,6	1,9959	1,887	786,6	1,9892
420	2,326	791,6	2,0179	2,171	791,6	2,0102	2,035	791,5	2,0031	1,915	791,5	1,9964
430	2,360	796,6	2,0250	2,202	796,6	2,0174	2,065	796,5	2,0102	1,943	796,5	2,0035
440	2,394	801,6	2,0321	2,234	801,6	2,0245	2,094	801,5	2,0173	1,971	801,5	2,0106
450	2,427	806,6	2,0392	2,265	806,6	2,0315	2,124	806,6	2,0243	1,998	806,5	2,0177
460	2,461	811,7	2,0461	2,297	811,6	2,0385	2,153	811,6	2,0313	2,026	811,6	2,0246
470	2,495	816,7	2,0530	2,328	816,7	2,0453	2,183	816,7	2,0382	2,054	816,6	2,0315
480	2,529	821,8	2,0598	2,360	821,8	2,0521	2,212	821,8	2,0450	2,082	821,7	2,0383
490	2,562	826,9	2,0665	2,391	826,9	2,0589	2,242	826,9	2,0517	2,110	826,8	2,0450
500	2,596	832,0	2,0732	2,423	832,0	2,0655	2,271	832,0	2,0584	2,137	831,9	2,0517
510	2,629	837,2	2,0798	2,455	837,2	2,0721	2,300	837,2	2,0650	2,165	837,1	2,0583
520	2,663	842,4	2,0864	2,486	842,3	2,0787	2,330	842,3	2,0716	2,193	842,3	2,0649
530	2,697	847,6	2,0929	2,518	847,6	2,0852	2,359	847,5	2,0781	2,221	847,5	2,0714
540	2,731	852,8	2,0994	2,549	852,8	2,0917	2,389	852,7	2,0846	2,249	852,7	2,0779
550	2,765	858,0	2,1058	2,580	858,0	2,0982	2,418	857,9	2,0910	2,277	857,9	2,0843

Tafel III. Wasser und überhitzter Dampf (Fortsetzung).

t	1,8 at $t_s = 116,33$			1,9 at $t_s = 118,01$			2,0 at $t_s = 119,62$			2,1 at $t_s = 121,16$		
	v'' 0,9952	i'' 644,7	s'' 1,7115	v'' 0,9460	i'' 645,3	s'' 1,7071	v'' 0,9016	i'' 645,8	s'' 1,7029	v'' 0,8613	i'' 646,3	s'' 1,6989
	v	i	s	v	i	s	v	i	s	v	i	s
0	0,0010001	0,0	0,0000	0,0010001	0,0	0,0000	0,0010001	0,0	0,0000	0,0010001	0,0	0,0000
10	0,0010003	10,1	0,0361	0,0010003	10,1	0,0361	0,0010003	10,1	0,0361	0,0010003	10,1	0,0361
20	0,0010018	20,1	0,0708	0,0010018	20,1	0,0708	0,0010018	20,1	0,0708	0,0010018	20,1	0,0708
30	0,0010043	30,0	0,1042	0,0010043	30,0	0,1042	0,0010043	30,0	0,1042	0,0010043	30,0	0,1042
40	0,0010078	40,0	0,1365	0,0010078	40,0	0,1365	0,0010078	40,0	0,1365	0,0010078	40,0	0,1365
50	0,0010120	50,0	0,1680	0,0010120	50,0	0,1680	0,0010120	50,0	0,1680	0,0010120	50,0	0,1680
60	0,0010170	60,0	0,1984	0,0010170	60,0	0,1984	0,0010170	60,0	0,1984	0,0010170	60,0	0,1984
70	0,0010227	70,0	0,2280	0,0010227	70,0	0,2280	0,0010227	70,0	0,2280	0,0010227	70,0	0,2280
80	0,0010289	80,0	0,2567	0,0010289	80,0	0,2567	0,0010289	80,0	0,2567	0,0010289	80,0	0,2567
90	0,0010358	90,0	0,2848	0,0010358	90,0	0,2848	0,0010358	90,0	0,2848	0,0010358	90,0	0,2848
100	0,0010435	100,1	0,3121	0,0010435	100,1	0,3121	0,0010435	100,1	0,3121	0,0010434	100,1	0,3121
110	0,0010515	110,1	0,3387	0,0010515	110,1	0,3387	0,0010515	110,1	0,3387	0,0010515	110,1	0,3387
120	1,006	646,8	1,7166	0,9517	646,4	1,7098	0,9027	646,1	1,7033	0,0010603	120,3	0,3647
130	1,035	652,2	1,7300	0,9793	651,9	1,7235	0,9292	651,6	1,7173	0,8839	651,4	1,7114
140	1,063	657,1	1,7422	1,006	656,9	1,7359	0,9546	656,7	1,7299	0,9083	656,5	1,7241
150	1,090	662,0	1,7538	1,032	661,8	1,7476	0,9796	661,6	1,7416	0,9322	661,5	1,7359
160	1,118	666,7	1,7650	1,058	666,6	1,7587	1,004	666,5	1,7528	0,9558	666,3	1,7472
170	1,145	671,5	1,7758	1,084	671,4	1,7695	1,029	671,3	1,7637	0,9792	671,1	1,7581
180	1,172	676,2	1,7863	1,109	676,1	1,7801	1,053	676,0	1,7743	1,003	675,9	1,7687
190	1,199	680,9	1,7966	1,135	680,8	1,7905	1,078	680,7	1.7846	1,026	680,6	1,7791
200	1,226	685,6	1,8067	1,160	685,5	1,8006	1,102	685,4	1,7947	1,049	685,3	1,7892
210	1,252	690,3	1,8165	1,186	690,2	1,8104	1,126	690,1	1,8046	1,072	690,0	1,7991
220	1,279	695,1	1,8261	1,211	695,0	1,8200	1,150	694,9	1,8143	1,095	694,8	1,8088
230	1,306	699,8	1,8356	1,237	699,7	1,8295	1,174	699,6	1,8238	1,118	699,5	1,8183
240	1,333	704,5	1,8449	1,262	704,4	1,8388	1,198	704,3	1,8331	1,141	704,3	1,8276
250	1,359	709,3	1,8541	1,287	709,2	1,8480	1,222	709,1	1,8422	1,164	709,0	1,8367
260	1,386	714,0	1,8630	1,312	713,9	1,8570	1,246	713,8	1,8512	1,187	713,8	1,8457
270	1,412	718,7	1,8718	1,337	718,7	1,8658	1,270	718,6	1,8600	1,209	718,5	1,8546
280	1,439	723,5	1,8805	1,363	723,4	1,8745	1,294	723,3	1,8687	1,232	723,3	1,8633
290	1,465	728,3	1,8891	1,388	728,2	1,8830	1,318	728,1	1,8773	1,255	728,1	1,8718
300	1,492	733,0	1,8975	1,413	733,0	1,8915	1,342	732,9	1,8857	1,278	732,8	1,8803
310	1,518	737,8	1,9058	1,438	737,8	1,8997	1,366	737,7	1,8940	1,300	737,7	1,8886
320	1,545	742,6	1,9139	1,463	742,6	1,9079	1,390	742,5	1,9022	1,323	742,5	1,8967
330	1,571	747,4	1,9220	1,488	747,4	1,9160	1,413	747,3	1,9102	1,346	747,3	1,9048
340	1,598	752,2	1,9299	1,513	752,2	1,9239	1,437	752,2	1,9182	1,369	752,1	1,9128
350	1,624	757,1	1,9378	1,538	757,1	1,9318	1,461	757,0	1,9260	1,391	757,0	1,9206
360	1,650	762,0	1,9455	1,563	761,9	1,9395	1,485	761,9	1,9338	1,414	761,8	1,9284
370	1,677	766,8	1,9531	1,588	766,8	1,9471	1,509	766,8	1,9414	1,437	766,7	1,9360
380	1,703	771,7	1,9607	1,613	771,7	1,9547	1,532	771,7	1,9490	1,459	771,6	1,9436
390	1,729	776,6	1,9682	1,638	776,6	1,9621	1,556	776,6	1,9565	1,482	776,5	1,9510
400	1,756	781,6	1,9755	1,663	781,5	1,9695	1,580	781,5	1,9638	1,504	781,4	1,9584
410	1,782	786,5	1,9828	1,688	786,5	1,9768	1,603	786,5	1,9711	1,527	786,4	1,9657
420	1,808	791,5	1,9900	1,713	791,4	1,9840	1,627	791,4	1,9784	1,549	791,4	1,9729
430	1,835	796,5	1,9972	1,738	796,4	1,9912	1,651	796,4	1,9855	1,572	796,4	1,9801
440	1,861	801,5	2,0043	1,763	801,5	1,9983	1,674	801,4	1,9926	1,595	801,4	1,9872
450	1,887	806,5	2,0113	1,788	806,5	2,0054	1,698	806,4	1,9997	1,617	806,4	1,9943
460	1,914	811,5	2,0183	1,813	811,5	2,0123	1,722	811,5	2,0066	1,640	811,5	2,0012
470	1,940	816,6	2,0251	1,838	816,6	2,0192	1,745	816,6	2,0135	1,662	816,5	2,0081
480	1,966	821,7	2,0319	1,862	821,7	2,0260	1,769	821,7	2,0203	1,685	821,6	2,0149
490	1,992	826,8	2,0387	1,887	826,8	2,0327	1,793	826,8	2,0270	1,707	826,7	2,0216
500	2,019	831,9	2,0454	1,912	831,9	2,0394	1,816	831,9	2,0337	1,730	831,8	2,0283
510	2,045	837,1	2,0520	1,937	837,1	2,0460	1,840	837,0	2,0403	1,752	837,0	2,0349
520	2,071	842,3	2,0586	1,962	842,2	2,0526	1,864	842,2	2,0469	1,775	842,2	2,0415
530	2,098	847,5	2,0651	1,987	847,4	2,0591	1,888	847,4	2,0534	1,797	847,4	2,0480
540	2,124	852,7	2,0716	2,012	852,7	2,0656	1,911	852,7	2,0599	1,820	852,6	2,0545
550	2,149	857,9	2,0780	2,037	857,9	2,0721	1,935	857,9	2,0663	1,844	857,8	2,0610

Tafel III. Wasser und überhitzter Dampf (Fortsetzung).

t	2,2 at $t_s = 122,65$			2,3 at $t_s = 124,08$			2,4 at $t_s = 125,46$			2,5 at $t_s = 126,79$		
	v'' 0,8246	i'' 646,8	s'' 1,6952	v'' 0,7910	i'' 647,3	s'' 1,6917	v'' 0,7601	i'' 647,8	s'' 1,6884	v'' 0,7316	i'' 648,3	s'' 1,6851
	v	i	s	v	i	s	v	i	s	v	i	s
0	0,0010001	0,0	0,0000	0,0010001	0,1	0,0000	0,0010001	0,1	0,0000	0,0010001	0,1	0,0000
10	0,0010003	10,1	0,0361	0,0010003	10,1	0,0361	0,0010003	10,1	0,0361	0,0010002	10,1	0,0361
20	0,0010017	20,1	0,0708	0,0010017	20,1	0,0708	0,0010017	20,1	0,0708	0,0010017	20,1	0,0708
30	0,0010043	30,0	0,1042	0,0010043	30,0	0,1042	0,0010043	30,1	0,1042	0,0010043	30,1	0,1042
40	0,0010078	40,0	0,1365	0,0010078	40,0	0,1365	0,0010078	40,0	0,1365	0,0010078	40,0	0,1365
50	0,0010120	50,0	0,1680	0,0010120	50,0	0,1680	0,0010120	50,0	0,1680	0,0010120	50,0	0,1680
60	0,0010170	60,0	0,1984	0,0010170	60,0	0,1984	0,0010170	60,0	0,1984	0,0010170	60,0	0,1984
70	0,0010227	70,0	0,2280	0,0010227	70,0	0,2280	0,0010227	70,0	0,2280	0,0010227	70,0	0,2280
80	0,0010289	80,0	0,2567	0,0010289	80,0	0,2567	0,0010289	80,0	0,2567	0,0010289	80,0	0,2567
90	0,0010358	90,0	0,2848	0,0010358	90,0	0,2848	0,0010358	90,0	0,2848	0,0010358	90,0	0,2848
100	0,0010434	100,1	0,3121	0,0010434	100,1	0,3121	0,0010434	100,1	0,3121	0,0010434	100,1	0,3121
110	0,0010515	110,1	0,3387	0,0010515	110,1	0,3387	0,0010515	110,1	0,3387	0,0010515	110,1	0,3387
120	0,0010603	120,3	0,3647	0,0010603	120,3	0,3647	0,0010603	120,3	0,3647	0,0010603	120,3	0,3647
130	0,8426	651,1	1,7057	0,8050	650,8	1,7002	0,7704	650,5	1,6948	0,7385	650,2	1,6897
140	0,8661	656,3	1,7186	0,8276	656,1	1,7133	0,7923	655,9	1,7081	0,7598	655,7	1,7032
150	0,8891	661,3	1,7305	0,8496	661,1	1,7253	0,8135	660,9	1,7203	0,7803	660,8	1,7154
160	0,9116	666,2	1,7418	0,8713	666,0	1,7367	0,8344	665,9	1,7317	0,8004	665,7	1,7270
170	0,9340	671,0	1,7528	0,8928	670,9	1,7476	0,8550	670,7	1,7427	0,8203	670,6	1,7380
180	0,9563	675,7	1,7634	0,9142	675,6	1,7583	0,8755	675,5	1,7534	0,8400	675,4	1,7487
190	0,9785	680,5	1,7738	0,9355	680,4	1,7687	0,8960	680,3	1,7638	0,8596	680,1	1,7591
200	1,001	685,2	1,7839	0,9567	685,1	1,7788	0,9163	685,0	1,7740	0,8792	684,9	1,7693
210	1,023	689,9	1,7938	0,9778	689,8	1,7887	0,9366	689,7	1,7839	0,8987	689,6	1,7793
220	1,045	694,7	1,8035	0,9989	694,6	1,7985	0,9568	694,5	1,7936	0,9181	694,4	1,7890
230	1,067	699,4	1,8130	1,020	699,4	1,8080	0,9770	699,3	1,8031	0,9375	699,2	1,7985
240	1,089	704,2	1,8223	1,041	704,1	1,8173	0,9971	704,0	1,8125	0,9569	703,9	1,8079
250	1,111	708,9	1,8315	1,062	708,9	1,8265	1,017	708,8	1,8217	0,9762	708,7	1,8171
260	1,132	713,7	1,8405	1,083	713,6	1,8355	1,037	713,6	1,8307	0,9954	713,5	1,8261
270	1,154	718,5	1,8494	1,104	718,4	1,8444	1,057	718,3	1,8396	1,015	718,3	1,8350
280	1,176	723,2	1,8581	1,124	723,1	1,8531	1,077	723,1	1,8483	1,034	723,0	1,8437
290	1,198	728,0	1,8666	1,145	727,9	1,8616	1,097	727,9	1,8569	1,053	727,8	1,8523
300	1,219	732,8	1,8751	1,166	732,7	1,8701	1,117	732,7	1,8653	1,072	732,6	1,8607
310	1,241	737,6	1,8834	1,187	737,6	1,8784	1,137	737,5	1,8736	1,091	737,4	1,8691
320	1,263	742,4	1,8915	1,208	742,4	1,8866	1,157	742,3	1,8818	1,111	742,2	1,8772
330	1,284	747,2	1,8996	1,228	747,2	1,8947	1,177	747,1	1,8899	1,130	747,1	1,8852
340	1,306	752,1	1,9076	1,249	752,0	1,9026	1,197	752,0	1,8979	1,149	751,9	1,8933
350	1,328	756,9	1,9154	1,270	756,9	1,9105	1,217	756,8	1,9057	1,168	756,8	1,9012
360	1,349	761,8	1,9232	1,291	761,7	1,9182	1,237	761,7	1,9135	1,187	761,6	1,9089
370	1,371	766,7	1,9308	1,311	766,6	1,9259	1,256	766,6	1,9211	1,206	766,5	1,9166
380	1,393	771,6	1,9384	1,332	771,5	1,9334	1,276	771,5	1,9287	1,225	771,5	1,9242
390	1,414	776,5	1,9459	1,353	776,5	1,9409	1,296	776,4	1,9362	1,244	776,4	1,9316
400	1,436	781,4	1,9533	1,373	781,4	1,9483	1,316	781,3	1,9436	1,263	781,3	1,9390
410	1,457	786,4	1,9606	1,394	786,3	1,9556	1,336	786,3	1,9509	1,282	786,3	1,9463
420	1,479	791,3	1,9678	1,414	791,3	1,9628	1,355	791,3	1,9581	1,301	791,2	1,9536
430	1,500	796,3	1,9749	1,435	796,3	1,9700	1,375	796,3	1,9653	1,320	796,2	1,9607
440	1,522	801,4	1,9820	1,456	801,3	1,9771	1,395	801,3	1,9724	1,339	801,3	1,9678
450	1,543	806,4	1,9891	1,476	806,4	1,9842	1,415	806,3	1,9794	1,358	806,3	1,9749
460	1,565	811,4	1,9960	1,497	811,4	1,9911	1,434	811,4	1,9864	1,377	811,3	1,9819
470	1,587	816,5	2,0029	1,517	816,5	1,9980	1,454	816,4	1,9933	1,396	816,4	1,9887
480	1,608	821,6	2,0097	1,538	821,6	2,0048	1,474	821,5	2,0001	1,415	821,5	1,9955
490	1,630	826,7	2,0165	1,559	826,7	2,0116	1,493	826,7	2,0068	1,434	826,6	2,0023
500	1,651	831,8	2,0232	1,579	831,8	2,0182	1,513	831,8	2,0135	1,453	831,7	2,0090
510	1,673	837,0	2,0298	1,600	837,0	2,0248	1,533	836,9	2,0201	1,472	836,9	2,0156
520	1,694	842,2	2,0364	1,620	842,1	2,0314	1,553	842,1	2,0267	1,490	842,1	2,0222
530	1,716	847,4	2,0429	1,641	847,3	2,0380	1,572	847,3	2,0333	1,509	847,3	2,0287
540	1,737	852,6	2,0494	1,661	852,6	2,0445	1,592	852,6	2,0398	1,528	852,5	2,0352
550	1,759	857,8	2,0558	1,682	857,8	2,05	1,612	857,8	2,0463	1,547	857,7	2,0417

Tafel III. Wasser und überhitzter Dampf (Fortsetzung).

t	2,6 at $t_s = 128{,}08$			2,7 at $t_s = 129{,}34$			2,8 at $t_s = 130{,}55$			2,9 at $t_s = 131{,}73$		
	v'' 0,7052	i'' 648,7	s'' 1,6819	v'' 0,6806	i'' 649,1	s'' 1,6788	v'' 0,6578	i'' 649,5	s'' 1,6759	v'' 0,6365	i'' 649,9	s'' 1,6730
	v	i	s	v	i	s	v	i	s	v	i	s
0	0,0010001	0,1	0,0000	0,0010001	0,1	0,0000	0,0010001	0,1	0,0000	0,0010001	0,1	0,0000
10	0,0010002	10,1	0,0361	0,0010002	10,1	0,0361	0,0010002	10,1	0,0361	0,0010002	10,1	0,0361
20	0,0010017	20,1	0,0708	0,0010017	20,1	0,0708	0,0010017	20,1	0,0708	0,0010017	20,1	0,0708
30	0,0010043	30,1	0,1042	0,0010043	30,1	0,1042	0,0010043	30,1	0,1042	0,0010043	30,1	0,1042
40	0,0010078	40,0	0,1365	0,0010078	40,0	0,1365	0,0010078	40,0	0,1365	0,0010078	40,0	0,1365
50	0,0010120	50,0	0,1680	0,0010120	50,0	0,1680	0,0010120	50;0	0,1679	0,0010120	50,0	0,1679
60	0,0010170	60,0	0,1984	0,0010170	60,0	0,1984	0,0010170	60,0	0,1984	0,0010170	60,0	0,1984
70	0,0010227	70,0	0,2280	0,0010227	70,0	0,2280	0,0010227	70,0	0,2279	0,0010227	70,0	0,2279
80	0,0010289	80,0	0,2567	0,0010289	80,0	0,2567	0,0010288	80,0	0,2567	0,0010288	80,0	0,2567
90	0,0010358	90,0	0,2847	0,0010358	90,0	0,2847	0,0010358	90,0	0,2847	0,0010358	90,0	0,2847
100	0,0010434	100,1	0,3121	0,0010434	100,1	0,3121	0,0010434	100,1	0,3121	0,0010434	100,1	0,3121
110	0,0010515	110,1	0,3387	0,0010515	110,1	0,3387	0,0010515	110,1	0,3387	0,0010515	110,1	0,3387
120	0,0010603	120,3	0,3647	0,0010603	120,3	0,3647	0,0010603	120,3	0,3647	0,0010602	120,3	0,3647
130	0,7093	649,8	1,6846	0,6820	649,4	1,6798	0,0010697	130,4	0,3901	0,0010697	130,4	0,3901
140	0,7298	655,4	1,6984	0,7020	655,2	1,6938	0,6762	654,9	1,6893	0,6522	654,7	1,6849
150	0,7496	660,6	1,7108	0,7212	660,4	1,7062	0,6948	660,2	1,7019	0,6702	660,1	1,6977
160	0,7690	665,6	1,7224	0,7399	665,4	1,7179	0,7129	665,3	1,7136	0,6878	665,1	1,7095
170	0,7882	670,4	1,7335	0,7584	670,3	1,7291	0,7308	670,2	1,7248	0,7051	670,0	1,7207
180	0,8072	675,2	1,7442	0,7768	675,1	1,7398	0,7486	675,0	1,7356	0,7223	674,9	1,7315
190	0,8261	680,0	1,7546	0,7950	679,9	1,7503	0,7662	679,8	1,7461	0,7393	679,7	1,7420
200	0,8449	684,8	1,7648	0,8132	684,7	1,7605	0,7838	684,6	1,7563	0,7563	684,5	1,7523
210	0,8637	689,5	1,7748	0,8313	689,4	1,7705	0,8012	689,4	1,7663	0,7732	689,3	1,7623
220	0,8824	694,3	1,7845	0,8494	694,2	1,7802	0,8186	694,2	1,7761	0,7901	694,1	1,7721
230	0,9011	699,1	1,7941	0,8674	699,0	1,7898	0,8360	698,9	1,7857	0,8069	698,8	1,7817
240	0,9197	703,9	1,8035	0,8852	703,8	1,7992	0,8534	703,7	1,7951	0,8236	703,6	1,7911
250	0,9383	708,6	1,8127	0,9032	708,6	1,8084	0,8707	708,5	1,8043	0,8403	708,4	1,8003
260	0,9568	713,4	1,8217	0,9211	713,3	1,8174	0,8879	713,3	1,8133	0,8570	713,2	1,8094
270	0,9754	718,2	1,8306	0,9390	718,1	1,8263	0,9051	718,0	1,8222	0,8737	718,0	1,8183
280	0,9939	723,0	1,8393	0,9568	722,9	1,8350	0,9223	722,8	1,8310	0,8903	722,7	1,8270
290	1,012	727,8	1,8479	0,9746	727,7	1,8436	0,9395	727,6	1,8396	0,9069	727,6	1,8356
300	1,031	732,6	1,8563	0,9923	732,5	1,8521	0,9567	732,4	1,8480	0,9234	732,4	1,8441
310	1,049	737,4	1,8647	1,010	737,3	1,8604	0,9738	737,3	1,8564	0,9400	737,2	1,8524
320	1,068	742,2	1,8729	1,028	742,1	1,8686	0,9909	742,1	1,8646	0,9565	742,0	1,8606
330	1,086	747,0	1,8810	1,046	747,0	1,8767	1,008	746,9	1,8727	0,9730	746,9	1,8687
340	1,104	751,9	1,8889	1,063	751,8	1,8847	1,025	751,8	1,8806	0,9895	751,7	1,8767
350	1,123	756,7	1,8968	1,081	756,7	1,8926	1,042	756,6	1,8885	1,006	756,6	1,8846
360	1,141	761,6	1,9045	1,099	761,6	1,9003	1,059	761,5	1,8963	1,022	761,5	1,8924
370	1,159	766,5	1,9122	1,116	766,5	1,9080	1,076	766,4	1,9039	1,039	766,4	1,9000
380	1,178	771,4	1,9198	1,134	771,4	1,9156	1,093	771,3	1,9115	1,055	771,3	1,9076
390	1,196	776,3	1,9273	1,152	776,3	1,9231	1,110	776,3	1,9190	1,072	776,2	1,9151
400	1,214	781,3	1,9347	1,169	781,2	1,9305	1,127	781,2	1,9264	1,088	781,2	1,9225
410	1,232	786,2	1,9420	1,187	786,2	1,9378	1,144	786,2	1,9337	1,105	786,1	1,9298
420	1,250	791,2	1,9492	1,204	791,2	1,9450	1,161	791,1	1,9410	1,121	791,1	1,9371
430	1,269	796,2	1,9564	1,222	796,2	1,9522	1,178	796,1	1,9481	1,137	796,1	1,9442
440	1,287	801,2	1,9635	1,239	801,2	1,9593	1,195	801,2	1,9552	1,154	801,1	1,9513
450	1,305	806,3	1,9706	1,257	806,2	1,9664	1,212	806,2	1,9623	1,170	806,2	1,9584
460	1,324	811,3	1,9775	1,275	811,3	1,9733	1,229	811,2	1,9693	1,186	811,2	1,9654
470	1,342	816,4	1,9844	1,292	816,3	1,9802	1,246	816,3	1,9762	1,203	816,3	1,9723
480	1,360	821,5	1,9912	1,310	821,5	1,9870	1,263	821,4	1,9830	1,219	821,4	1,9791
490	1,378	826,6	1,9980	1,327	826,6	1,9938	1,280	826,5	1,9897	1,235	826,5	1,9858
500	1,397	831,7	2,0047	1,345	831,7	2,0005	1,297	831,7	1,9964	1,252	831,6	1,9925
510	1,415	836,9	2,0113	1,362	836,9	2,0071	1,314	836,8	2,0031	1,268	836,8	1,9992
520	1,433	842,1	2,0179	1,380	842,1	2,0137	1,330	842,0	2,0097	1,284	842,0	2,0058
530	1,451	847,3	2,0244	1,397	847,3	2,0202	1,347	847,2	2,0162	1,301	847,2	2,0123
540	1,469	852,5	2,0309	1,415	852,5	2,0267	1,364	852,5	2,0227	1,317	852,5	2,0188
550	1,487	857,7	2,0373	1,432	857,7	2,0332	1,381	857,7	2,0292	1,334	857,7	2,0253

Tafel III. Wasser und überhitzter Dampf (Fortsetzung).

t	3,0 at $t_s = 132{,}88$			3,2 at $t_s = 135{,}08$			3,4 at $t_s = 137{,}18$			3,6 at $t_s = 139{,}18$		
	v'' 0,6166	i'' 650,3	s'' 1,6703	v'' 0,5804	i'' 650,9	s'' 1,6650	v'' 0,5483	i'' 651,6	s'' 1,6601	v'' 0,5196	i'' 652,2	s'' 1,6557
	v	i	s	v	i	s	v	i	s	v	i	s
0	0,0010001	0,1	0,0000	0,0010001	0,1	0,0000	0,0010001	0,1	0,0000	0,0010001	0,1	0,0000
10	0,0010002	10,1	0,0361	0,0010002	10,1	0,0361	0,0010002	10,1	0,0361	0,0010002	10,1	0,0361
20	0,0010017	20,1	0,0708	0,0010017	20,1	0,0708	0,0010017	20,1	0,0708	0,0010017	20,1	0,0708
30	0,0010043	30,1	0,1042	0,0010043	30,1	0,1042	0,0010042	30,1	0,1042	0,0010042	30,1	0,1042
40	0,0010078	40,0	0,1365	0,0010078	40,1	0,1365	0,0010078	40,1	0,1365	0,0010078	40,1	0,1365
50	0,0010120	50,0	0,1679	0,0010120	50,0	0,1679	0,0010120	50,0	0,1679	0,0010119	50,0	0,1679
60	0,0010170	60,0	0,1983	0,0010169	60,0	0,1983	0,0010169	60,0	0,1983	0,0010169	60,0	0,1983
70	0,0010227	70,0	0,2279	0,0010226	70,0	0,2279	0,0010226	70,0	0,2279	0,0010226	70,0	0,2279
80	0,0010288	80,0	0,2567	0,0010288	80,0	0,2566	0,0010288	80,0	0,2566	0,0010288	80,0	0,2566
90	0,0010358	90,0	0,2847	0,0010358	90,0	0,2847	0,0010358	90,0	0,2847	0,0010357	90,0	0,2847
100	0,0010434	100,1	0,3121	0,0010434	100,1	0,3120	0,0010434	100,1	0,3120	0,0010434	100,1	0,3120
110	0,0010515	110,1	0,3387	0,0010514	110,1	0,3387	0,0010514	110,1	0,3387	0,0010514	110,2	0,3387
120	0,0010602	120,3	0,3647	0,0010602	120,3	0,3647	0,0010602	120,3	0,3647	0,0010602	120,3	0,3647
130	0,0010697	130,4	0,3901	0,0010697	130,5	0,3901	0,0010697	130,5	0,3901	0,0010697	130,5	0,3901
140	0,6297	654,4	1,6807	0,5890	653,9	1,6725	0,5530	653,3	1,6646	0,5210	652,7	1,6570
150	0,6473	659,9	1,6936	0,6057	659,5	1,6857	0,5690	659,1	1,6783	0,5363	658,6	1,6711
160	0,6644	665,0	1,7055	0,6218	664,6	1,6978	0,5843	664,3	1,6905	0,5509	664,0	1,6836
170	0,6812	669,9	1,7168	0,6377	669,6	1,7092	0,5993	669,3	1,7020	0,5652	669,0	1,6951
180	0,6978	674,8	1,7276	0,6533	674,5	1,7201	0,6141	674,3	1,7130	0,5792	674,0	1,7062
190	0,7143	679,6	1,7381	0,6689	679,4	1,7307	0,6288	679,2	1,7236	0,5932	678,9	1,7169
200	0,7307	684,4	1,7483	0,6843	684,2	1,7409	0,6434	684,0	1,7339	0,6070	683,7	1,7273
210	0,7471	689,2	1,7583	0,6997	689,0	1,7510	0,6579	688,8	1,7440	0,6207	688,6	1,7374
220	0,7634	694,0	1,7681	0,7150	693,8	1,7608	0,6724	693,6	1,7539	0,6344	693,4	1,7473
230	0,7796	698,7	1,7777	0,7303	698,6	1,7704	0,6868	698,4	1,7635	0,6481	698,2	1,7569
240	0,7958	703,5	1,7872	0,7455	703,4	1,7798	0,7012	703,2	1,7730	0,6617	703,0	1,7664
250	0,8120	708,3	1,7965	0,7607	708,2	1,7891	0,7155	708,0	1,7822	0,6753	707,9	1,7757
260	0,8282	713,1	1,8055	0,7759	713,0	1,7982	0,7298	712,8	1,7913	0,6888	712,7	1,7848
270	0,8443	717,9	1,8144	0,7910	717,8	1,8071	0,7441	717,6	1,8003	0,7023	717,5	1,7938
280	0,8604	722,7	1,8232	0,8061	722,6	1,8159	0,7583	722,4	1,8091	0,7158	722,3	1,8026
290	0,8764	727,5	1,8318	0,8212	727,4	1,8245	0,7725	727,3	1,8177	0,7292	727,1	1,8112
300	0,8924	732,3	1,8403	0,8362	732,2	1,8330	0,7867	732,1	1,8262	0,7426	732,0	1,8197
310	0,9084	737,1	1,8486	0,8513	737,0	1,8414	0,8008	736,9	1,8346	0,7560	736,8	1,8281
320	0,9244	742,0	1,8568	0,8663	741,8	1,8496	0,8149	741,7	1,8428	0,7693	741,6	1,8363
330	0,9404	746,8	1,8649	0,8812	746,7	1,8577	0,8291	746,6	1,8509	0,7827	746,5	1,8444
340	0,9563	751,7	1,8729	0,8962	751,6	1,8657	0,8432	751,5	1,8589	0,7960	751,4	1,8525
350	0,9723	756,5	1,8808	0,9112	756,4	1,8736	0,8573	756,3	1,8668	0,8093	756,3	1,8604
360	0,9882	761,4	1,8886	0,9261	761,3	1,8814	0,8713	761,2	1,8746	0,8226	761,1	1,8682
370	1,004	766,3	1,8963	0,9410	766,2	1,8890	0,8854	766,2	1,8223	0,8359	766,1	1,8759
380	1,020	771,2	1,9038	0,9559	771,2	1,8966	0,8994	771,1	1,8899	0,8492	771,0	1,8835
390	1,036	776,2	1,9113	0,9708	776,1	1,9041	0,9135	776,0	1,8974	0,8625	775,9	1,8910
400	1,052	781,1	1,9187	0,9857	781,0	1,9115	0,9275	781,0	1,9048	0,8757	780,9	1,8984
410	1,068	786,1	1,9260	1,001	786,0	1,9189	0,9415	785,9	1,9121	0,8890	785,9	1,9057
420	1,083	791,1	1,9333	1,016	791,0	1,9261	0,9555	790,9	1,9194	0,9022	790,8	1,9130
430	1,099	796,1	1,9405	1,030	796,0	1,9333	0,9695	795,9	1,9265	0,9154	795,9	1,9201
440	1,115	801,1	1,9476	1,045	801,0	1,9404	0,9835	801,0	1,9336	0,9287	800,9	1,9272
450	1,131	806,1	1,9546	1,060	806,1	1,9475	0,9975	806,0	1,9407	0,9419	805,9	1,9343
460	1,147	811,2	1,9616	1,075	811,1	1,9544	1,012	811,1	1,9477	0,9551	811,0	1,9413
470	1,163	816,3	1,9685	1,090	816,2	1,9613	1,025	816,2	1,9546	0,9683	816,1	1,9482
480	1,179	821,4	1,9753	1,105	821,3	1,9682	1,039	821,3	1,9614	0,9815	821,2	1,9551
490	1,194	826,5	1,9821	1,119	826,4	1,9749	1,053	826,4	1,9682	0,9947	826,3	1,9618
500	1,210	831,6	1,9888	1,134	831,6	1,9816	1,067	831,5	1,9749	1,008	831,5	1,9685
510	1,226	836,8	1,9954	1,149	836,7	1,9883	1,081	836,7	1,9815	1,021	836,6	1,9752
520	1,242	842,0	2,0020	1,164	841,9	1,9949	1,095	841,9	1,9881	1,034	841,8	1,9818
530	1,257	847,2	2,0085	1,180	847,2	2,0014	1,109	847,1	1,9947	1,047	847,1	1,9883
540	1,273	852,4	2,0150	1,196	852,4	2,0079	1,123	852,4	2,0012	1,061	852,3	1,9948
550	1,288	857,7	2,0214	1,211	857,6	2,0144	1,137	857,6	2,0077	1,074	857,6	2,0013

Tafel III. Wasser und überhitzter Dampf (Fortsetzung).

t	3,8 at $t_s = 141,09$			4,0 at $t_s = 142,92$			4,2 at $t_s = 144,68$			4,4 at $t_s = 146,38$		
	v'' 0,4939	i'' 652,8	s'' 1,6514	v'' 0,4706	i'' 653,4	s'' 1,6474	v'' 0,4495	i'' 653,9	s'' 1,6435	v'' 0,4303	i'' 654,4	s'' 1,6398
	v	i	s	v	i	s	v	i	s	v	i	s
0	0,0010000	0,1	0,0000	0,0010000	0,1	0,0000	0,0010000	0,1	0,0000	0,0010000	0,1	0,0000
10	0,0010002	10,1	0,0361	0,0010002	10,1	0,0361	0,0010002	10,1	0,0361	0,0010002	10,1	0,0361
20	0,0010017	20,1	0,0708	0,0010017	20,1	0,0708	0,0010017	20,1	0,0708	0,0010017	20,1	0,0708
30	0,0010042	30,1	0,1042	0,0010042	30,1	0,1042	0,0010042	30,1	0,1042	0,0010042	30,1	0,1042
40	0,0010077	40,1	0,1365	0,0010077	40,1	0,1365	0,0010077	40,1	0,1365	0,0010077	40,1	0,1365
50	0,0010119	50,0	0,1679	0,0010119	50,0	0,1679	0,0010119	50,0	0,1679	0,0010119	50,0	0,1679
60	0,0010169	60,0	0,1983	0,0010169	60,0	0,1983	0,0010169	60,0	0,1983	0,0010169	60,0	0,1983
70	0,0010226	70,0	0,2279	0,0010226	70,0	0,2279	0,0010226	70,0	0,2279	0,0010226	70,0	0,2279
80	0,0010288	80,0	0,2566	0,0010288	80,0	0,2566	0,0010288	80,0	0,2566	0,0010288	80,0	0,2566
90	0,0010357	90,0	0,2847	0,0010357	90,0	0,2847	0,0010357	90,0	0,2847	0,0010357	90,0	0,2847
100	0,0010434	100,1	0,3120	0,0010433	100,1	0,3120	0,0010433	100,1	0,3120	0,0010433	100,1	0,3120
110	0,0010514	110,2	0,3387	0,0010514	110,2	0,3386	0,0010514	110,2	0,3386	0,0010514	110,2	0,3386
120	0,0010602	120,3	0,3646	0,0010602	120,3	0,3646	0,0010602	120,3	0,3646	0,0010601	120,3	0,3646
130	0,0010697	130,5	0,3901	0,0010697	130,5	0,3901	0,0010697	130,5	0,3901	0,0010697	130,5	0,3901
140	0,0010798	140,6	0,4150	0,0010798	140,7	0,4150	0,0010798	140,7	0,4150	0,0010798	140,7	0,4150
150	0,5070	658,2	1,6643	0,4807	657,7	1,6577	0,4568	657,2	1,6514	0,4351	656,7	1,6453
160	0,5210	663,6	1,6770	0,4941	663,3	1,6707	0,4698	662,9	1,6646	0,4476	662,5	1,6588
170	0,5346	668,7	1,6887	0,5071	668,5	1,6826	0,4823	668,2	1,6766	0,4597	667,8	1,6710
180	0,5480	673,8	1,6999	0,5199	673,5	1,6938	0,4945	673,3	1,6879	0,4714	673,0	1,6824
190	0,5613	678,7	1,7106	0,5326	678,4	1,7046	0,5066	678,2	1,6988	0,4830	678,0	1,6933
200	0,5744	683,5	1,7210	0,5451	683,3	1,7150	0,5186	683,1	1,7093	0,4945	682,9	1,7038
210	0,5875	688,4	1,7311	0,5576	688,0	1,7252	0,5305	688,0	1,7195	0,5059	687,8	1,7140
220	0,6005	693,2	1,7410	0,5700	693,0	1,7351	0,5423	692,8	1,7294	0,5172	692,7	1,7240
230	0,6135	698,0	1,7507	0,5823	697,9	1,7448	0,5541	697,7	1,7392	0,5285	697,5	1,7338
240	0,6264	702,9	1,7602	0,5946	702,7	1,7543	0,5658	702,5	1,7487	0,5397	702,4	1,7433
250	0,6393	707,7	1,7695	0,6069	707,5	1,7636	0,5775	707,4	1,7580	0,5509	707,2	1,7527
260	0,6521	712,5	1,7786	0,6191	712,4	1,7728	0,5892	712,2	1,7672	0,5621	712,1	1,7619
270	0,6649	717,3	1,7876	0,6313	717,2	1,7818	0,6008	717,1	1,7762	0,5732	716,9	1,7709
280	0,6777	722,1	1,7964	0,6434	722,0	1,7906	0,6124	721,9	1,7850	0,5843	721,7	1,7797
290	0,6904	727,0	1,8051	0,6556	726,9	1,7992	0,6240	726,7	1,7937	0,5953	726,6	1,7884
300	0,7031	731,8	1,8136	0,6677	731,7	1,8078	0,6355	731,6	1,8023	0,6064	731,5	1,7970
310	0,7159	736,7	1,8220	0,6797	736,6	1,8162	0,6471	736,5	1,8107	0,6174	736,4	1,8054
320	0,7285	741,5	1,8302	0,6918	741,4	1,8244	0,6586	741,3	1,8189	0,6284	741,2	1,8137
330	0,7412	746,4	1,8384	0,7038	746,3	1,8326	0,6701	746,2	1,8271	0,6393	746,1	1,8218
340	0,7538	751,3	1,8464	0,7159	751,2	1,8406	0,6815	751,1	1,8351	0,6503	751,0	1,8299
350	0,7665	756,2	1,8543	0,7279	756,1	1,8485	0,6930	756,0	1,8430	0,6612	755,9	1,8378
360	0,7791	761,1	1,8621	0,7399	761,0	1,8563	0,7044	760,9	1,8508	0,6722	760,8	1,8456
370	0,7917	766,0	1,8698	0,7519	765,9	1,8640	0,7158	765,8	1,8586	0,6831	765,7	1,8533
380	0,8043	770,9	1,8774	0,7638	770,8	1,8717	0,7272	770,8	1,8662	0,6940	770,7	1,8610
390	0,8169	775,9	1,8849	0,7758	775,8	1,8792	0,7386	775,7	1,8737	0,7049	775,6	1,8685
400	0,8295	780,8	1,8924	0,7877	780,7	1,8866	0,7500	780,6	1,8811	0,7157	780,6	1,8759
410	0,8420	785,8	1,8997	0,7997	785,7	1,8939	0,7614	785,6	1,8885	0,7266	785,6	1,8833
420	0,8545	790,8	1,9070	0,8116	790,7	1,9012	0,7728	790,6	1,8958	0,7375	790,6	1,8906
430	0,8671	795,8	1,9141	0,8235	795,7	1,9084	0,7841	795,7	1,9030	0,7483	795,6	1,8978
440	0,8796	800,8	1,9212	0,8354	800,8	1,9155	0,7955	800,7	1,9101	0,7592	800,6	1,9049
450	0,8921	805,9	1,9283	0,8473	805,8	1,9226	0,8068	805,8	1,9172	0,7701	805,7	1,9120
460	0,9046	810,9	1,9353	0,8592	810,9	1,9296	0,8182	810,8	1,9242	0,7809	810,8	1,9190
470	0,9171	816,0	1,9422	0,8711	816,0	1,9365	0,8295	815,9	1,9311	0,7917	815,9	1,9259
480	0,9296	821,2	1,9491	0,8830	821,1	1,9433	0,8408	821,0	1,9379	0,8025	821,0	1,9327
490	0,9421	826,3	1,9558	0,8949	826,2	1,9501	0,8521	826,2	1,9447	0,8133	826,1	1,9395
500	0,9546	831,4	1,9625	0,9068	831,4	1,9568	0,8634	831,3	1,9514	0,8241	831,3	1,9462
510	0,9671	836,6	1,9692	0,9187	836,5	1,9635	0,8747	836,5	1,9581	0,8349	836,5	1,9529
520	0,9796	841,8	1,9758	0,9305	841,7	1,9701	0,8860	841,7	1,9647	0,8457	841,7	1,9595
530	0,9921	847,1	1,9823	0,9424	847,0	1,9766	0,8973	847,0	1,9712	0,8565	846,9	1,9660
540	1,005	852,3	1,9888	0,9542	852,2	1,9831	0,9086	852,2	1,9777	0,8672	852,1	1,9725
550	1,017	857,5	1,9952	0,9660	857,5	1,9895	0,9199	857,4	1,9841	0,8779	857,4	1,9790

Tafel III. Wasser und überhitzter Dampf (Fortsetzung).

t	4,6 at $t_x = 148,01$			4,8 at $t_x = 149,59$			5,0 at $t_x = 151,11$			5,5 at $t_x = 154,72$		
	v'' 0,4127	i'' 654,9	s'' 1,6362	v'' 0,3965	i'' 655,4	s'' 1,6329	v'' 0,3816	i'' 655,8	s'' 1,6297	v'' 0,3489	i'' 659,9	s'' 1,6219
	v	i	s	v	i	s	v	i	s	v	i	s
0	0,0010000	0,1	0,0000	0,0009999	0,1	0,0000	0,0009999	0,1	0,0000	0,0009999	0,1	0,0000
10	0,0010001	10,1	0,0361	0,0010001	10,2	0,0361	0,0010001	10,2	0,0361	0,0010001	10,2	0,0361
20	0,0010016	20,1	0,0708	0,0010016	20,1	0,0708	0,0010016	20,1	0,0708	0,0010016	20,2	0,0708
30	0,0010042	30,1	0,1042	0,0010042	30,1	0,1042	0,0010042	30,1	0,1042	0,0010042	30,1	0,1042
40	0,0010077	40,1	0,1365	0,0010077	40,1	0,1365	0,0010077	40,1	0,1365	0,0010077	40,1	0,1365
50	0,0010119	50,0	0,1679	0,0010119	50,0	0,1679	0,0010119	50,0	0,1679	0,0010119	50,1	0,1679
60	0,0010169	60,0	0,1983	0,0010169	60,0	0,1983	0,0010168	60,0	0,1983	0,0010168	60,0	0,1983
70	0,0010226	70,0	0,2279	0,0010226	70,0	0,2279	0,0010225	70,0	0,2279	0,0010225	70,0	0,2279
80	0,0010288	80,0	0,2566	0,0010288	80,0	0,2566	0,0010287	80,0	0,2566	0,0010287	80,0	0,2566
90	0,0010357	90,1	0,2847	0,0010357	90,1	0,2847	0,0010357	90,1	0,2847	0,0010357	90,1	0,2847
100	0,0010433	100,1	0,3120	0,0010433	100,1	0,3120	0,0010433	100,1	0,3120	0,0010433	100,1	0,3120
110	0,0010514	110,2	0,3386	0,0010514	110,2	0,3386	0,0010514	110,2	0,3386	0,0010513	110,2	0,3386
120	0,0010601	120,3	0,3646	0,0010601	120,3	0,3646	0,0010601	120,3	0,3646	0,0010601	120,3	0,3646
130	0,0010697	130,5	0,3901	0,0010697	130,5	0,3901	0,0010696	130,5	0,3901	0,0010696	130,5	0,3901
140	0,0010797	140,7	0,4150	0,0010797	140,7	0,4150	0,0010797	140,7	0,4150	0,0010797	140,7	0,4150
150	0,4153	656,2	1,6393	0,3971	655,6	1,6335	0,0010906	150,9	0,4395	0,0010906	150,9	0,4395
160	0,4274	662,2	1,6532	0,4089	661,8	1,6477	0,3918	661,3	1,6424	0,3545	660,2	1,6299
170	0,4390	667,5	1,6655	0,4201	667,2	1,6603	0,4026	666,9	1,6552	0,3646	666,0	1,6432
180	0,4503	672,7	1,6770	0,4310	672,4	1,6719	0,4132	672,2	1,6669	0,3743	671,4	1,6552
190	0,4614	677,7	1,6880	0,4417	677,5	1,6829	0,4235	677,2	1,6780	0,3838	676,6	1,6665
200	0,4724	682,7	1,6986	0,4523	682,4	1,6935	0,4337	682,2	1,6886	0,3932	681,6	1,6773
210	0,4834	687,6	1,7088	0,4628	687,4	1,7037	0,4438	687,2	1,6989	0,4025	686,6	1,6877
220	0,4943	692,5	1,7188	0,4732	692,3	1,7137	0,4539	692,1	1,7090	0,4117	691,6	1,6979
230	0,5051	697,3	1,7286	0,4836	697,3	1,7236	0,4639	697,0	1,7189	0,4208	696,5	1,7078
240	0,5159	702,2	1,7382	0,4940	702,1	1,7333	0,4738	701,9	1,7285	0,4299	701,5	1,7174
250	0,5266	707,1	1,7476	0,5043	706,9	1,7427	0,4837	706,8	1,7380	0,4390	706,4	1,7269
260	0,5373	711,9	1,7568	0,5145	711,8	1,7519	0,4936	711,6	1,7472	0,4480	711,3	1,7362
270	0,5479	716,8	1,7658	0,5247	716,6	1,7609	0,5034	716,5	1,7562	0,4570	716,1	1,7453
280	0,5585	721,6	1,7747	0,5349	721,5	1,7698	0,5132	721,4	1,7651	0,4659	721,0	1,7542
290	0,5691	726,5	1,7834	0,5451	726,4	1,7785	0,5230	726,2	1,7738	0,4748	725,9	1,7629
300	0,5797	731,4	1,7919	0,5553	731,2	1,7871	0,5328	731,1	1,7824	0,4837	730,8	1,7715
310	0,5903	736,2	1,8003	0,5654	736,1	1,7955	0,5425	736,0	1,7909	0,4926	735,7	1,7800
320	0,6008	741,1	1,8086	0,5755	741,0	1,8038	0,5522	740,9	1,7992	0,5015	740,6	1,7883
330	0,6113	746,0	1,8168	0,5856	745,9	1,8120	0,5619	745,8	1,8074	0,5103	745,5	1,7965
340	0,6218	750,9	1,8249	0,5956	750,8	1,8200	0,5716	750,7	1,8154	0,5191	750,4	1,8046
350	0,6323	755,8	1,8328	0,6057	755,7	1,8280	0,5813	755,6	1,8234	0,5279	755,3	1,8126
360	0,6427	760,7	1,8406	0,6157	760,6	1,8358	0,5909	760,5	1,8312	0,5367	760,3	1,8205
370	0,6532	765,6	1,8483	0,6257	765,6	1,8436	0,6005	765,5	1,8390	0,5455	765,3	1,8282
380	0,6636	770,6	1,8560	0,6358	770,5	1,8512	0,6101	770,4	1,8466	0,5543	770,2	1,8359
390	0,6740	775,5	1,8635	0,6458	775,5	1,8587	0,6197	775,4	1,8542	0,5630	775,2	1,8434
400	0,6844	780,5	1,8710	0,6557	780,4	1,8662	0,6293	780,4	1,8616	0,5717	780,2	1,8509
410	0,6948	785,5	1,8783	0,6657	785,4	1,8735	0,6389	785,4	1,8690	0,5805	785,2	1,8583
420	0,7052	790,5	1,8856	0,6757	790,5	1,8808	0,6485	790,4	1,8763	0,5892	790,2	1,8656
430	0,7156	795,5	1,8928	0,6856	795,5	1,8880	0,6581	795,4	1,8835	0,5979	795,2	1,8728
440	0,7260	800,6	1,8999	0,6956	800,5	1,8951	0,6676	800,5	1,8906	0,6066	800,3	1,8799
450	0,7364	805,6	1,9070	0,7055	805,6	1,9023	0,6772	805,5	1,8977	0,6153	805,4	1,8871
460	0,7467	810,7	1,9140	0,7155	810,7	1,9093	0,6867	810,6	1,9047	0,6240	810,5	1,8941
470	0,7570	815,8	1,9209	0,7254	815,8	1,9162	0,6963	815,7	1,9116	0,6327	815,6	1,9010
480	0,7674	820,9	1,9278	0,7353	820,9	1,9230	0,7058	820,8	1,9185	0,6413	820,7	1,9078
490	0,7778	826,1	1,9346	0,7452	826,0	1,9298	0,7153	826,0	1,9253	0,6500	825,8	1,9146
500	0,7881	831,2	1,9413	0,7552	831,2	1,9365	0,7248	831,1	1,9320	0,6587	831,0	1,9214
510	0,7985	836,4	1,9479	0,7651	836,4	1,9432	0,7344	836,3	1,9387	0,6673	836,2	1,9281
520	0,8088	841,6	1,9545	0,7750	841,6	1,9498	0,7439	841,6	1,9453	0,6760	841,4	1,9347
530	0,8191	846,9	1,9611	0,7849	846,8	1,9564	0,7534	846,8	1,9518	0,6846	846,7	1,9412
540	0,8294	852,1	1,9676	0,7948	852,0	1,9629	0,7629	852,1	1,9583	0,6933	851,9	1,9477
550	0,8397	857,3	1,9742	0,8047	857,3	1,9694	0,7724	857,3	1,9648	0,7019	857,1	1,9542

Tafel III. Wasser und überhitzter Dampf (Fortsetzung).

t	6,0 at $t_s = 158,08$			6,5 at $t_x = 161,22$			7,0 at $t_x = 164,17$			7,5 at $t_s = 166,97$		
	v'' 0,3213	i'' 657,8	s'' 1,6151	v'' 0,2979	i'' 658,7	s'' 1,6088	v'' 0,2778	i'' 659,4	s'' 1,6029	v'' 0,2603	i'' 660,2	s'' 1,5974
	v	i	s	v	i	s	v	i	s	v	i	s
0	0,0009999	0,1	0,0000	0,0009999	0,2	0,0000	0,0009999	0,2	0,0000	0,0009998	0,2	0,0000
10	0,0010001	10,2	0,0361	0,0010001	10,2	0,0361	0,0010000	10,2	0,0361	0,0010000	10,2	0,0361
20	0,0010016	20,2	0,0708	0,0010016	20,2	0,0708	0,0010015	20,2	0,0708	0,0010015	20,2	0,0708
30	0,0010041	30,1	0,1042	0,0010041	30,1	0,1042	0,0010041	30,2	0,1042	0,0010041	30,2	0,1042
40	0,0010077	40,1	0,1365	0,0010076	40,1	0,1365	0,0010076	40,1	0,1365	0,0010076	40,1	0,1365
50	0,0010118	50,1	0,1679	0,0010118	50,1	0,1679	0,0010118	50,1	0,1679	0,0010118	50,1	0,1679
60	0,0010168	60,1	0,1983	0,0010168	60,1	0,1983	0,0010168	60,1	0,1983	0,0010167	60,1	0,1983
70	0,0010225	70,1	0,2279	0,0010225	70,1	0,2279	0,0010225	70,1	0,2279	0,0010224	70,1	0.2279
80	0,0010287	80,1	0,2566	0,0010287	80,1	0,2566	0,0010286	80,1	0,2566	0,0010286	80,1	0,2566
90	0,0010356	90,1	0,2847	0,0010356	90,1	0,2847	0,0010356	90,1	0,2847	0,0010355	90,1	0,2846
100	0,0010432	100,1	0,3120	0,0010432	100,1	0,3120	0,0010432	100,1	0,3120	0,0010431	100,2	0,3119
110	0,0010513	110,2	0,3386	0,0010513	110,2	0,3386	0,0010513	110,2	0,3386	0,0010512	110,2	0,3386
120	0,0010601	120,3	0,3646	0,0010600	120,3	0,3646	0,0010600	120,3	0,3646	0,0010600	120,3	0,3646
130	0,0010696	130,5	0,3900	0,0010695	130,5	0,3900	0,0010695	130,5	0,3900	0,0010695	130,5	0,3900
140	0,0010797	140,7	0,4150	0,0010796	140,7	0,4150	0,0010796	140,7	0,4150	0,0010796	140,7	0,4150
150	0,0010906	150,9	0,4395	0,0010905	150,9	0,4395	0,0010904	150,9	0,4394	0,0010904	151,0	0,4394
160	0,3233	659,1	1,6180	0,0011021	161,3	0,4637	0,0011020	161,3	0,4637	0,0011020	161,3	0,4636
170	0,3328	665,2	1,6319	0,3059	664,2	1,6214	0,2828	663,2	1,6114	0,2627	662,2	1,6018
180	0,3418	670,7	1,6443	0,3145	669,9	1,6342	0,2909	669,2	1,6246	0,2705	668,4	1,6156
190	0,3507	676,0	1,6558	0,3227	675,2	1,6459	0,2987	674,6	1,6367	0,2779	673,9	1,6280
200	0,3594	681,1	1,6668	0,3308	680,5	1,6570	0,3063	679,9	1,6479	0,2851	679,3	1,6394
210	0,3680	686,1	1,6773	0,3388	685,6	1,6677	0,3138	685,1	1,6587	0,2921	684,5	1,6502
220	0,3765	691,1	1,6875	0,3467	690,6	1,6780	0,3212	690,1	1,6691	0,2991	689,7	1,6607
230	0,3849	696,1	1,6975	0,3546	695,6	1,6880	0,3285	695,1	1,6792	0,3060	694,7	1,6709
240	0,3933	701,0	1,7072	0,3624	700,6	1,6978	0,3358	700,2	1,6890	0,3128	699,8	1,6808
250	0,4017	706,0	1,7167	0,3701	705,6	1,7073	0,3430	705,2	1,6986	0,3196	704,8	1,6905
260	0,4100	710,9	1,7260	0,3778	710,5	1,7167	0,3502	710,1	1,7080	0,3263	709,7	1,6999
270	0,4182	715,8	1,7351	0,3855	715,4	1,7259	0,3574	715,1	1,7172	0,3330	714,7	1,7091
280	0,4265	720,7	1,7441	0,3931	720,3	1,7349	0,3645	720,0	1,7262	0,3397	719,6	1,7182
290	0,4347	725,5	1,7529	0,4007	725,2	1,7437	0,3716	724,9	1,7351	0,3463	724,6	1,7271
300	0,4429	730,5	1,7616	0,4083	730,3	1,7524	0,3786	729,9	1,7438	0,3530	729,6	1,7358
310	0,4510	735,4	1,7700	0,4159	735,1	1,7609	0,3857	734,8	1,7523	0,3596	734,5	1,7443
320	0,4592	740,3	1,7784	0,4234	740,1	1,7692	0,3927	739,8	1,7607	0,3661	739,5	1,7528
330	0,4673	745,3	1,7866	0,4309	745,0	1,7775	0,3997	744,7	1,7690	0,3727	744,5	1,7611
340	0,4754	750,2	1,7947	0,4384	749,9	1,7856	0,4067	749,6	1,7771	0,3792	749,4	1,7693
350	0,4835	755,1	1,8027	0,4459	754,9	1,7936	0,4137	754,6	1,7852	0,3857	754,4	1,7773
360	0,4915	760,1	1,8106	0,4534	759,8	1,8015	0,4206	759,6	1,7931	0,3922	759,4	1,7852
370	0,4996	765,1	1,8184	0,4608	764,8	1,8093	0,4276	764,6	1,8009	0,3987	764,4	1,7930
380	0,5077	770,0	1,8260	0,4683	769,8	1,8170	0,4345	769,6	1,8086	0,4052	769,4	1,8007
390	0,5157	775,0	1,8336	0,4757	774,8	1,8246	0,4414	774,6	1,8162	0,4117	774,4	1,8084
400	0,5237	780,0	1,8411	0,4831	779,8	1,8321	0,4483	779,6	1,8237	0,4181	779,4	1,8159
410	0,5318	785,0	1,8485	0,4905	784,8	1,8395	0,4552	784,6	1,8311	0,4246	784,4	1,8233
420	0,5398	790,0	1,8558	0,4979	789,9	1,8468	0,4621	789,7	1,8384	0,4310	789,5	1,8306
430	0,5478	795,0	1,8630	0,5053	794,9	1,8540	0,4690	794,7	1,8457	0,4375	794,5	1,8379
440	0,5558	800,1	1,8701	0,5127	800,0	1,8612	0,4759	799,8	1,8529	0,4439	799,6	1,8451
450	0,5637	805,2	1,8773	0,5201	805,0	1,8683	0,4827	804,9	1,8600	0,4503	804,7	1,8523
460	0,5717	810,3	1,8843	0,5275	810,1	1,8753	0,4896	810,0	1,8670	0,4567	809,9	1,8594
470	0,5797	815,4	1,8913	0,5348	815,3	1,8823	0,4964	815,1	1,8740	0,4631	815,0	1,8663
480	0,5876	820,6	1,8981	0,5422	820,4	1,8892	0,5033	820,3	1,8809	0,4695	820,1	1,8731
490	0,5956	825,7	1,9049	0,5496	825,6	1,8960	0,5101	825,4	1,8877	0,4759	825,3	1,8799
500	0,6036	830,9	1,9116	0,5569	830,8	1,9027	0,5169	830,6	1,8944	0,4823	830,5	1,8867
510	0,6115	836,1	1,9183	0,5642	836,0	1,9094	0,5238	835,8	1,9011	0,4887	835,7	1,8934
520	0,6194	841,3	1,9249	0,5716	841,2	1,9160	0,5306	841,0	1,9077	0,4950	840,9	1,9000
530	0,6273	846,5	1,9315	0,5789	846,4	1,9226	0,5374	846,3	1,9143	0,5014	846,2	1,9066
540	0,6352	851,8	1,9380	0,5862	851,7	1,9291	0,5442	851,6	1,9208	0,5077	851,5	1,9131
550	0,6431	857,0	1,9445	0,5935	856,9	1,9356	0,5510	856,8	1,9273	0,5140	856,7	1,9196

Tafel III. Wasser und überhitzter Dampf (Fortsetzung).

t	8,0 at $t_x=169,61$			8,5 at $t_x=172,13$			9,0 at $t_x=174,53$			9,5 at $t_x=176,83$		
	v'' 0,2448	i'' 660,8	s'' 1,5922	v'' 0,2311	i'' 661,4	s'' 1,5875	v'' 0,2189	i'' 662,0	s'' 1,5827	v'' 0,2080	i'' 662,5	s'' 1,5783
	v	i	s	v	i	s	v	i	s	v	i	s
0	0,0009998	0,2	0,0000	0,0009998	0,2	0,0000	0,0009997	0,2	0,0000	0,0009997	0,2	0,0000
10	0,0010000	10,2	0,0361	0,0010000	10,2	0,0361	0,0009999	10,2	0,0361	0,0009999	10,3	0,0361
20	0,0010015	20,2	0,0708	0,0010015	20,2	0,0707	0,0010015	20,2	0,0707	0,0010014	20,2	0,0707
30	0,0010040	30,2	0,1041	0,0010040	30,2	0,1041	0,0010040	30,2	0,1041	0,0010040	30,2	0,1041
40	0,0010076	40,2	0,1365	0,0010075	40,2	0,1364	0,0010075	40,2	0,1364	0,0010075	40,2	0,1364
50	0,0010118	50,1	0,1679	0,0010117	50,1	0,1679	0,0010117	50,1	0,1679	0,0010117	50,1	0,1678
60	0,0010167	60,1	0,1983	0,0010167	60,1	0,1983	0,0010167	60,1	0,1983	0,0010166	60,1	0,1983
70	0,0010224	70,1	0,2278	0,0010224	70,1	0,2278	0,0010223	70,1	0,2278	0,0010223	70,1	0,2278
80	0,0010286	80,1	0,2566	0,0010286	80,1	0;2565	0,0010285	80,1	0,2565	0,0010285	80,1	0,2565
90	0,0010355	90,1	0,2846	0,0010355	90,1	0,2846	0,0010355	90,1	0,2846	0,0010354	90,1	0,2846
100	0,0010431	100,2	0,3119	0,0010431	100,2	0,3119	0,0010431	100,2	0,3119	0,0010431	100,2	0,3119
110	0,0010512	110,2	0,3386	0,0010512	110,2	0,3386	0,0010512	110,2	0,3385	0,0010511	110,3	0,3385
120	0,0010600	120,3	0,3646	0,0010599	120,3	0,3646	0,0010599	120,4	0,3645	0,0010599	120,4	0,3645
130	0,0010695	130,5	0,3900	0,0010694	130,5	0,3900	0,0010694	130,5	0,3900	0,0010694	130,5	0,3900
140	0,0010795	140,7	0,4149	0,0010795	140,7	0,4149	0,0010795	140,7	0,4149	0,0010794	140,7	0,4149
150	0,0010904	151,0	0,4394	0,0010904	151,0	0,4394	0,0010903	151,0	0,4394	0,0010903	151,0	0,4394
160	0,0011020	161,3	0,4636	0,0011019	161,3	0,4636	0,0011019	161,3	0,4636	0,0011018	161,3	0,4636
170	0,2451	661,1	1,5926	0,0011143	171,7	0,4874	0,0011143	171,7	0,4873	0,0011143	171,7	0,4873
180	0,2526	667,5	1,6070	0,2368	666,7	1,5987	0,2227	665,8	1,5907	0,2101	664,8	1,5830
190	0,2597	673,3	1,6196	0,2435	672,5	1,6117	0,2292	671,7	1,6041	0,2163	670,9	1,5968
200	0,2665	678,7	1,6312	0,2500	678,1	1,6236	0,2354	677,4	1,6162	0,2223	676,8	1,6092
210	0,2731	684,0	1,6423	0,2564	683,4	1,6347	0,2415	682,8	1,6275	0,2281	682,3	1,6208
220	0,2797	689,2	1,6529	0,2626	688,7	1.6454	0,2474	688,2	1,6383	0,2338	687,7	1,6317
230	0,2862	694,3	1,6631	0,2688	693,8	1,6557	0,2533	693,3	1,6487	0,2394	692,9	1,6421
240	0,2927	699,3	1,6731	0,2749	698,9	1,6658	0,2591	698,4	1,6588	0,2449	698,0	1,6522
250	0,2991	704,4	1,6828	0,2809	704,0	1,6755	0,2648	703,5	1,6686	0,2504	703,2	1,6621
260	0,3054	709,4	1,6922	0,2869	709,0	1,6850	0,2705	708,6	1,6782	0,2559	708,3	1,6717
270	0,3117	714,3	1,7015	0,2929	714,0	1,6944	0,2762	713,6	1,6876	0,2613	713,3	1,6811
280	0,3180	719,3	1,7106	0,2989	719,0	1,7035	0,2818	718,6	1,6967	0,2666	718,3	1,6903
290	0,3242	724,2	1,7195	0,3048	723,9	1,7124	0,2874	723,6	1,7057	0,2719	723,3	1,6993
300	0,3305	729,3	1,7283	0,3106	729,0	1,7212	0,2930	728,7	1,7145	0,2772	728,4	1,7082
310	0,3367	734,2	1,7369	0,3165	734,0	1,7298	0,2986	733,7	1,7232	0,2825	733,4	1,7169
320	0,3429	739,2	1,7453	0,3223	739,0	1,7383	0,3041	738,7	1,7317	0,2878	738,4	1,7254
330	0,3490	744,2	1,7537	0,3282	744,0	1,7467	0,3096	743,7	1,7401	0,2930	743,4	1,7338
340	0,3552	749,2	1,7618	0,3340	748,9	1,7549	0,3151	748,7	1,7483	0,2982	748,4	1,7420
350	0,3613	754,2	1,7699	0,3397	753,9	1,7629	0,3206	753,7	1,7564	0,3034	753,5	1,7501
360	0,3674	759,2	1,7778	0,3455	758,9	1,7709	0,3260	758,7	1,7643	0,3086	758,5	1,7581
370	0,3735	764,2	1,7857	0,3513	764,0	1,7787	0,3315	763,8	1,7722	0,3138	763,5	1,7660
380	0,3796	769,2	1,7934	0,3570	769,0	1,7865	0,3369	768,8	1,7800	0,3189	768,6	1,7738
390	0,3857	774,2	1,8010	0,3627	774,0	1,7941	0,3423	773,8	1,7876	0,3241	773,6	1,7814
400	0,3918	779,2	1,8086	0,3685	779,0	1,8017	0,3478	778,8	1,7952	0,3292	778,7	1,7890
410	0,3978	784,3	1,8160	0,3742	784,1	1,8091	0,3532	783,9	1,8026	0,3344	783,7	1,7965
420	0,4039	789,3	1,8233	0,3799	789,2	1,8165	0,3586	789,0	1,8100	0,3395	788,8	1,8038
430	0,4099	794,4	1,8306	0,3856	794,2	1,8237	0,3639	794,1	1,8173	0,3446	793,9	1,8111
440	0,4159	799,5	1,8378	0,3912	799,3	1,8309	0,3693	799,2	1,8245	0,3497	799,0	1,8183
450	0,4219	804,6	1,8450	0,3969	804,4	1,8381	0,3747	804,3	1,8317	0,3548	804,1	1,8255
460	0,4280	809,7	1,8520	0,4026	809,6	1,8452	0,3800	809,4	1,8387	0,3599	809,3	1,8326
470	0,4340	814,8	1,8590	0,4082	814,7	1,8522	0,3854	814,5	1,8457	0,3649	814,4	1,8396
480	0,4400	820,0	1,8659	0,4139	819,9	1,8591	0,3907	819,7	1,8526	0,3700	819,6	1,8465
490	0,4460	825,2	1,8727	0,4196	825,0	1,8659	0,3961	824,9	1,8595	0,3751	824,8	1,8534
500	0,4519	830,4	1,8795	0,4252	830,2	1,8727	0,4014	830,1	1,8662	0,3801	830,0	1,8601
510	0,4579	835,6	1,8862	0,4309	835,4	1,8794	0,4068	835,3	1,8729	0,3852	835,2	1,8668
520	0,4639	840,8	1,8928	0,4365	840,7	1,8860	0,4121	840,6	1,8796	0,3902	840,5	1,8735
530	0,4699	846,0	1,8994	0,4421	845,9	1,8926	0,4174	845,8	1,8862	0,3953	845,7	1,8801
540	0,4759	851,3	1,9059	0,4477	851,2	1,8991	0,4227	851,1	1,8927	0,4003	851,0	1,8867
550	0,4819	856,5	1,9124	0,4533	856,4	1,9056	0,4280	856,3	1,8992	0,4054	856,2	1,8933

Tafel III. Wasser und überhitzter Dampf (Fortsetzung).

t	10,0 at $t_s = 179,04$ v'' 0,1981 v	i'' 663,0 i	v'' 1,5740 s	10,5 at $t_s = 181,16$ v'' 0,1891 v	i'' 663,5 i	s'' 1,5699 s	11,0 at $t_s = 183,20$ v'' 0,1808 v	i'' 663,9 i	s'' 1,5661 s	11,5 at $t_s = 185,17$ v'' 0,1733 v	i'' 664,3 i	s'' 1,5626 s
0	0,0009997	0,2	0,0000	0,0009997	0,3	0,0000	0,0009996	0,3	0,0000	0,0009996	0,3	0,0000
10	0,0009999	10,3	0,0361	0,0009999	10,3	0,0361	0,0009998	10,3	0,0361	0,0009998	10,3	0,0361
20	0,0010014	20,3	0,0707	0,0010014	20,3	0,0707	0,0010014	20,3	0,0707	0,0010013	20,3	0,0707
30	0,0010040	30,2	0,1041	0,0010039	30,2	0,1041	0,0010039	30,2	0,1041	0,0010039	30,2	0,1041
40	0,0010075	40,2	0,1364	0,0010074	40,2	0,1364	0,0010074	40,2	0,1364	0,0010074	40,2	0,1364
50	0,0010117	50,2	0,1678	0,0010116	50,2	0,1678	0,0010116	50,2	0,1678	0,0010116	50,2	0,1678
60	0,0010166	60,1	0,1982	0,0010166	60,1	0,1982	0,0010166	60,1	0,1982	0,0010165	60,2	0,1982
70	0,0010223	70,1	0,2278	0,0010223	70,1	0,2278	0,0010223	70,1	0,2278	0,0010222	70,2	0,2278
80	0,0010285	80,1	0,2565	0,0010285	80,1	0,2565	0,0010285	80,1	0,2565	0,0010284	80,2	0,2565
90	0,0010354	90,1	0,2846	0,0010354	90,2	0,2846	0,0010354	90,2	0,2846	0,0010353	90,2	0,2846
100	0,0010430	100,2	0,3119	0,0010430	100,2	0,3119	0,0010430	100,2	0,3119	0,0010429	100,2	0,3119
110	0,0010511	110,3	0,3385	0,0010511	110,3	0,3385	0,0010510	110,3	0,3385	0,0010510	110,3	0,3385
120	0,0010599	120,4	0,3645	0,0010598	120,4	0,3645	0,0010598	120,4	0,3645	0,0010598	120,4	0,3645
130	0,0010694	130,6	0,3900	0,0010693	130,6	0,3899	0,0010693	130,6	0,3899	0,0010693	130,6	0,3899
140	0,0010794	140,7	0,4149	0,0010794	140,8	0,4149	0,0010794	140,8	0,4149	0,0010793	140,8	0,4148
150	0,0010902	151,0	0,4394	0,0010902	151,0	0,4393	0,0010902	151,0	0,4393	0,0010902	151,0	0,4393
160	0,0011018	161,3	0,4635	0,0011018	161,3	0,4635	0,0011017	161,3	0,4635	0,0011017	161,3	0,4635
170	0,0011142	171,7	0,4873	0,0011142	171,7	0,4873	0,0011142	171,7	0,4872	0,0011141	171,7	0,4872
180	0,1987	663,6	1,5755	0,0011275	182,2	0,5107	0,0011274	182,2	0,5107	0,0011274	182,2	0,5106
190	0,2048	670,3	1,5898	0,1943	669,4	1,5830	0,1847	668,5	1,5763	0,1760	667,7	1,5699
200	0,2105	676,1	1,6024	0,1999	675,4	1,5959	0,1902	674,8	1,5896	0,1813	674,1	1,5834
210	0,2161	681,6	1,6141	0,2053	681,1	1,6078	0,1954	680,6	1,6017	0,1863	679,9	1,5958
220	0,2215	687,2	1,6251	0,2105	686,6	1,6189	0,2004	686,1	1,6130	0,1912	685,5	1,6072
230	0,2269	692,4	1,6357	0,2156	691,9	1,6296	0,2054	691,4	1,6237	0,1960	690,9	1,6181
240	0,2322	697,6	1,6459	0,2207	697,1	1,6399	0,2102	696,7	1,6341	0,2007	696,2	1,6286
250	0,2375	702,8	1,6558	0,2257	702,3	1,6499	0,2150	701,9	1,6442	0,2053	701,5	1,6387
260	0,2427	707,9	1,6655	0,2307	707,4	1,6596	0,2198	707,1	1,6540	0,2099	706,7	1,6485
270	0,2478	712,9	1,6750	0,2356	712,5	1,6691	0,2245	712,2	1,6635	0,2144	711,8	1,6581
280	0,2529	717,9	1,6842	0,2405	717,6	1,6784	0,2292	717,3	1,6728	0,2189	716,9	1,6674
290	0,2580	723,0	1,6932	0,2453	722,6	1,6874	0,2339	722,3	1,6819	0,2234	722,0	1,6766
300	0,2630	728,1	1,7021	0,2502	727,8	1,6964	0,2386	727,4	1,6908	0,2278	727,1	1,6855
310	0,2681	733,1	1,7108	0,2550	732,8	1,7051	0,2431	732,5	1,6996	0,2323	732,2	1,6943
320	0,2731	738,2	1,7194	0,2598	737,9	1,7137	0,2477	737,6	1,7082	0,2367	737,3	1,7029
330	0,2781	743,2	1,7278	0,2645	742,9	1,7221	0,2522	742,6	1,7166	0,2411	742,4	1,7114
340	0,2830	748,2	1,7361	0,2693	747,9	1,7304	0,2568	747,7	1,7249	0,2454	747,4	1,7197
350	0,2880	753,3	1,7442	0,2740	753,0	1,7385	0,2613	752,8	1,7331	0,2497	752,5	1,7279
360	0,2929	758,3	1,7522	0,2787	758,0	1,7466	0,2658	757,8	1,7411	0,2541	757,6	1,7360
370	0,2979	763,3	1,7601	0,2834	763,1	1,7545	0,2703	762,9	1,7491	0,2584	762,7	1,7439
380	0,3028	768,4	1,7679	0,2881	768,1	1,7623	0,2748	767,9	1,7569	0,2627	767,7	1,7518
390	0,3077	773,4	1,7756	0,2928	773,2	1,7700	0,2793	773,0	1,7646	0,2670	772,8	1,7595
400	0,3126	778,4	1,7831	0,2975	778,3	1,7775	0,2838	778,1	1,7722	0,2712	777,9	1,7671
410	0,3174	783,5	1,7906	0,3022	783,4	1,7850	0,2882	783,2	1,7797	0,2755	783,0	1,7746
420	0,3223	788,6	1,7980	0,3068	788,5	1,7924	0,2927	788,3	1,7871	0,2798	788,1	1,7820
430	0,3272	793,7	1,8053	0,3114	793,6	1,7997	0,2971	793,4	1,7944	0,2840	793,2	1,7894
440	0,3320	798,8	1,8125	0,3160	798,7	1,8070	0,3015	798,5	1,8017	0,2882	798,4	1,7967
450	0,3369	804,0	1,8197	0,3207	803,8	1,8142	0,3059	803,6	1,8089	0,2925	803,5	1,8039
460	0,3417	809,1	1,8268	0,3253	809,0	1,8213	0,3103	808,8	1,8160	0,2967	808,7	1,8110
470	0,3465	814,3	1,8338	0,3299	814,1	1,8283	0,3147	814,0	1,8230	0,3009	813,8	1,8180
480	0,3514	819,4	1,8407	0,3345	819,3	1,8352	0,3191	819,2	1,8300	0,3051	819,0	1,8249
490	0,3562	824,6	1,8476	0,3391	824,5	1,8421	0,3235	824,4	1,8368	0,3093	824,2	1,8318
500	0,3610	829,8	1,8544	0,3437	829,7	1,8489	0,3279	829,6	1,8436	0,3135	829,5	1,8386
510	0,3658	835,1	1,8611	0,3483	835,0	1,8556	0,3323	834,8	1,8503	0,3177	834,7	1,8453
520	0,3706	840,3	1,8678	0,3528	840,2	1,8623	0,3367	840,1	1,8570	0,3219	840,0	1,8520
530	0,3754	845,6	1,8744	0,3574	845,5	1,8689	0,3411	845,4	1,8636	0,3261	845,3	1,8586
540	0,3802	850,9	1,8809	0,3620	850,8	1,8755	0,3454	850,7	1,8702	0,3303	850,6	1,8652
550	0,3850	856,1	1,8873	0,3666	856,0	1,8820	0,3498	856,0	1,8767	0,3345	855,9	1,8718

Tafel III. Wasser und überhitzter Dampf (Fortsetzung).

t	12,0 at $t_s = 187,08$			12,5 at $t_s = 188,92$			13,0 at $t_s = 190,71$			13,5 at $t_s = 192,45$		
	v'' 0,1664	i'' 664,7	s'' 1,5592	v'' 0,1600	i'' 665,1	s'' 1,5559	v'' 0,1541	i'' 665,4	s'' 1,5526	v'' 0,1486	i'' 665,7	s'' 1,5494
	v	i	s	v	i	s	v	i	s	v	i	s
0.	0,0009996	0,3	0,0000	0,0009996	0,3	0,0000	0,0009995	0,3	0,0000	0,0009995	0,3	0,0000
10	0,0009998	10,3	0,0361	0,0009998	10,3	0,0361	0,0009998	10,3	0,0361	0,0009997	10,3	0,0361
20	0,0010013	20,3	0,0707	0,0010013	20,3	0,0707	0,0010013	20,3	0,0707	0,0010012	20,3	0,0707
30	0,0010039	30,3	0,1041	0,0010038	30,3	0,1041	0,0010038	30,3	0,1041	0,0010038	30,3	0,1041
40	0,0010074	40,2	0,1364	0,0010074	40,2	0,1364	0,0010073	40,2	0,1364	0,0010073	40,3	0,1364
50	0,0010116	50,2	0,1678	0,0010115	50,2	0,1678	0,0010115	50,2	0,1678	0,0010115	50,2	0,1678
60	0,0010165	60,2	0,1982	0,0010165	60,2	0,1982	0,0010165	60,2	0,1982	0,0010165	60,2	0,1982
70	0,0010222	70,2	0,2278	0,0010222	70,2	0,2278	0,0010222	70,2	0,2278	0,0010221	70,2	0,2277
80	0,0010284	80,2	0,2565	0,0010284	80,2	0,2565	0,0010284	80,2	0,2565	0,0010283	80,2	0,2564
90	0,0010353	90,2	0,2845	0,0010353	90,2	0,2845	0,0010353	90,2	0,2845	0,0010352	90,2	0,2845
100	0,0010429	100,2	0,3119	0,0010429	100,2	0,3118	0,0010428	100,2	0,3118	0,0010428	100,3	0,3118
110	0,0010510	110,3	0,3385	0,0010510	110,3	0,3385	0,0010509	110,3	0,3385	0,0010509	110,3	0,3385
120	0,0010598	120,4	0,3645	0,0010597	120,4	0,3645	0,0010597	120,4	0,3645	0,0010597	120,4	0,3644
130	0,0010692	130,6	0,3899	0,0010692	130,6	0,3899	0,0010692	130,6	0,3899	0,0010691	130,6	0,3899
140	0,0010793	140,8	0,4148	0,0010793	140,8	0,4148	0,0010792	140,8	0,4148	0,0010792	140,8	0,4148
150	0,0010901	151,0	0,4393	0,0010901	151,0	0,4393	0,0010901	151,0	0,4393	0,0010900	151,0	0,4393
160	0,0011017	161,3	0,4635	0,0011016	161,3	0,4635	0,0011016	161,3	0,4634	0,0011016	161,3	0,4634
170	0,0011141	171,7	0,4872	0,0011140	171,7	0,4872	0,0011140	171,7	0,4872	0,0011140	171,7	0,4871
180	0,0011273	182,2	0,5106	0,0011273	182,2	0,5106	0,0011273	182,2	0,5106	0,0011272	182,2	0,5105
190	0,1680	666,8	1,5636	0,1606	665,8	1,5576	0,0011415	192,8	0,5336	0,0011415	192,8	0,5336
200	0,1731	673,3	1,5775	0,1675	672,5	1,5718	0,1587	671,7	1,5661	0,1523	671,0	1,5606
210	0,1780	679,2	1,5901	0,1704	678,6	1,5845	0,1633	678,0	1,5792	0,1568	677,3	1,5739
220	0,1828	684,9	1,6017	0,1750	684,4	1,5963	0,1678	683,8	1,5911	0,1612	683,3	1,5860
230	0,1874	690,4	1,6127	0,1795	689,9	1,6074	0,1721	689,4	1,6023	0,1654	688,9	1,5974
240	0,1919	695,8	1,6232	0,1838	695,3	1,6180	0,1764	694,9	1,6130	0,1695	694,4	1,6082
250	0,1964	701,1	1,6334	0,1881	700,7	1,6283	0,1806	700,3	1,6233	0,1735	699,8	1,6186
260	0,2008	706,3	1,6433	0,1924	705,9	1,6382	0,1847	705,6	1,6333	0,1775	705,1	1,6286
270	0,2052	711,5	1,6529	0,1966	711,1	1,6479	0,1887	710,8	1,6431	0,1815	710,4	1,6384
280	0,2095	716,6	1,6623	0,2009	716,2	1,6573	0,1928	715,9	1,6525	0,1854	715,5	1,6479
290	0,2138	721,6	1,6716	0,2052	721,3	1,6665	0,1968	721,0	1,6618	0,1892	720,6	1,6572
300	0,2181	726,8	1,6805	0,2093	726,5	1,6756	0,2008	726,2	1,6708	0,1931	725,9	1,6663
310	0,2223	731,9	1,6893	0,2133	731,6	1,6844	0,2047	731,3	1,6797	0,1969	731,0	1,6752
320	0,2265	737,0	1,6979	0,2173	736,8	1,6931	0,2086	736,5	1,6884	0,2007	736,2	1,6839
330	0,2307	742,1	1,7064	0,2213	741,9	1,7016	0,2125	741,6	1,6969	0,2045	741,3	1,6924
340	0,2349	747,2	1,7147	0,2253	746,9	1,7099	0,2164	746,7	1,7053	0,2082	746,4	1,7008
350	0,2391	752,3	1,7230	0,2293	752,0	1,7182	0,2203	751,8	1,7136	0,2119	751,6	1,7091
360	0,2433	757,4	1,7311	0,2333	757,1	1,7263	0,2242	756,9	1,7217	0,2157	756,7	1,7173
370	0,2474	762,4	1,7390	0,2373	762,2	1,7343	0,2280	762,0	1,7297	0,2194	761,8	1,7253
380	0,2515	767,5	1,7468	0,2413	767,3	1,7421	0,2318	767,1	1,7376	0,2231	766,9	1,7332
390	0,2557	772,6	1,7546	0,2453	772,4	1,7499	0,2356	772,2	1,7453	0,2268	772,0	1,7409
400	0,2598	777,7	1,7622	0,2492	777,5	1,7575	0,2394	777,3	1,7530	0,2304	777,1	1,7485
410	0,2638	782,8	1,7697	0,2531	782,6	1,7650	0,2432	782,4	1,7605	0,2341	782,3	1,7561
420	0,2679	787,9	1,7772	0,2571	787,7	1,7725	0,2470	787,6	1,7680	0,2377	787,4	1,7636
430	0,2720	793,0	1,7845	0,2610	792,9	1,7798	0,2508	792,7	1,7753	0,2414	792,6	1,7710
440	0,2761	798,2	1,7918	0,2649	798,0	1,7871	0,2546	797,9	1,7826	0,2450	797,7	1,7783
450	0,2801	803,3	1,7990	0,2688	803,2	1,7943	0,2583	803,0	1,7899	0,2486	802,9	1,7856
460	0,2842	808,5	1,8061	0,2727	808,4	1,8014	0,2621	808,2	1,7970	0,2522	808,1	1,7927
470	0,2882	813,7	1,8132	0,2766	813,5	1,8084	0,2658	813,4	1,8041	0,2559	813,3	1,7997
480	0,2923	818,9	1,8201	0,2805	818,7	1,8154	0,2696	818,6	1,8110	0,2595	818,5	1,8067
490	0,2963	824,1	1,8270	0,2843	824,0	1,8223	0,2733	823,8	1,8179	0,2631	823,7	1,8136
500	0,3003	829 4	1 8338	0 2882	829,2	1,8291	0,2770	829,0	1,8247	0,2667	829,0	1,8204
510	0,3044	834,6	1,8405	0,2920	834,5	1,8359	0,2808	834,3	1,8315	0,2703	834,2	1,8272
520	0,3084	839,9	1,8472	0,2959	839,8	1,8426	0,2845	839,6	1,8382	0,2738	839,5	1,8339
530	0,3124	845,2	1,8538	0,2998	845,1	1,8492	0,2882	844,9	1,8448	0,2774	844,8	1,8405
540	0,3164	850,5	1,8604	0,3037	850,4	1,8558	0,2919	850,3	1,8514	0,2810	850,1	1,8471
550	0,3204	855,8	1,8670	0,3075	855,7	1,8623	0,2955	855,6	1,8579	0,2845	855,4	1,8536

40

Tafel III. Wasser und überhitzter Dampf (Fortsetzung).

t	14,0 at $t_s=194,13$ v'' 0,1435	i'' 666,0	s'' 1,5464	14,5 at $t_s=195,77$ v'' 0,1388	i'' 666,3	s'' 1,5435	15,0 at $t_s=197,36$ v'' 0,1343	i'' 666,6	s'' 1,5406	15,5 at $t_s=198,91$ v'' 0,1301	i'' 666,8	s'' 1,5378
	v	i	s	v	i	s	v	i.	s	v	i	s
0	0,0009995	0,3	0,0000	0,0009995	0,4	0,0000	0,0009994	0,4	0,0000	0,0009994	0,4	0,0000
10	0,0009997	10,4	0,0361	0,0009997	10,4	0,0361	0,0009997	10,4	0,0361	0,0009996	10,4	0,0361
20	0,0010012	20,3	0,0707	0,0010012	20,4	0,0707	0,0010012	20,4	0,0707	0,0010012	20,4	0,0707
30	0,0010038	30,3	0,1041	0,0010038	30,3	0,1041	0,0010037	30,3	0,1041	0,0010037	30,3	0,1041
40	0,0010073	40,3	0,1364	0,0010073	40.3	0,1364	0,0010073	40,3	0,1364	0,0010072	40,3	0,1364
50	0,0010115	50,2	0,1678	0,0010115	50,2	0,1678	0,0010115	50,2	0,1678	0,0010114	50,3	0,1678
60	0,0010164	60,2	0,1982	0,0010164	60,2	0,1982	0,0010164	60,2	0,1982	0,0010164	60,2	0,1982
70	0,0010221	70,2	0,2277	0,0010221	70,2	0,2277	0,0010221	70,2	0,2277	0,0010221	70,2	0,2277
80	0,0010283	80,2	0,2564	0,0010283	80,2	0,2564	0,0010283	80,2	0,2564	0,0010282	80,2	0,2564
90	0,0010352	90,2	0,2845	0,0010352	90,2	0,2845	0,0010352	90,2	0,2845	0,0010351	90,2	0,2845
100	0,0010428	100,3	0,3118	0,0010428	100,3	0,3118	0,0010427	100,3	0,3118	0,0010427	100,3	0,3118
110	0,0010509	110,3	0,3384	0,0010509	110,3	0,3384	0,0010508	110,4	0,3384	0,0010508	110,4	0,3384
120	0,0010596	120,4	0,3644	0,0010596	120,4	0,3644	0,0010596	120,5	0,3644	0,0010596	120,5	0,3644
130	0,0010691	130,6	0,3899	0,0010691	130,6	0,3899	0,0010691	130,6	0,3898	0,0010690	130,6	0,3898
140	0,0010792	140,8	0,4148	0,0010791	140,8	0,4148	0,0010791	140,8	0,4148	0,0010791	140,8	0,4147
150	0,0010900	151,0	0,4392	0,0010900	151,1	0,4392	0,0010899	151,1	0,4392	0,0010899	151,1	0,4392
160	0,0011015	161,4	0,4634	0,0011015	161,4	0,4634	0,0011015	161,4	0,4634	0,0011014	161,4	0,4634
170	0,0011139	171,8	0,4871	0,0011139	171,8	0,4871	0,0011139	171,8	0,4871	0,0011138	171,8	0,4871
180	0,0011272	182,2	0,5105	0,0011271	182,2	0,5105	0,0011271	182,2	0,5105	0,0011271	182,2	0,5104
190	0,0011414	192,8	0,5335	0,0011414	192,8	0,5335	0,0011413	192,8	0,5335	0,0011413	192,8	0,5335
200	0,1463	670,2	1,5552	0,1407	669,4	1,5499	0,1355	668,5	1,5446	0,1306	667,6	1,5395
210	0,1507	676,7	1,5688	0,1451	676,0	1,5638	0,1398	675,3	1,5589	0,1348	674,5	1,5541
220	0,1549	682,7	1,5811	0,1492	682,1	1,5763	0,1438	681,5	1,5716	0,1388	680,9	1,5670
230	0,1591	688,4	1,5926	0,1532	687,9	1,5879	0,1477	687,4	1,5833	0,1426	686,8	1,5789
240	0,1631	694,0	1,6035	0,1571	693,5	1,5989	0,1515	693,0	1,5944	0,1463	692,5	1,5901
250	0,1670	699,4	1,6139	0,1609	699,0	1,6094	0,1552	698,5	1,6051	0,1499	698,1	1,6008
260	0,1709	704,7	1,6240	0,1647	704,3	1,6196	0,1589	703,9	1,6153	0,1535	703,5	1,6111
270	0,1747	710,0	1,6339	0,1684	709,6	1,6295	0,1625	709,3	1,6252	0,1570	708,9	1,6211
280	0,1785	715,2	1,6434	0,1721	714,8	1,6391	0,1661	714,5	1,6349	0,1605	714,2	1,6308
290	0,1822	720,3	1,6527	0,1757	720,0	1,6484	0,1696	719,7	1,6443	0,1639	719,4	1,6402
300	0,1859	725,6	1,6618	0,1793	725,3	1,6576	0,1731	725,0	1,6535	0,1673	724,7	1,6494
310	0,1896	730,7	1,6707	0,1829	730,4	1,6665	0,1766	730,1	1,6623	0,1706	729,9	1,6584
320	0,1933	735,9	1,6795	0,1864	735,6	1,6753	0,1800	735,3	1,6712	0,1740	735,1	1,6672
330	0,1969	741,0	1,6881	0,1900	740,8	1,6839	0,1834	740,5	1,6799	0,1773	740,3	1,6759
340	0,2006	746,2	1,6965	0,1935	745,9	1,6924	0,1868	745,7	1,6884	0,1806	745,4	1,6844
350	0,2042	751,3	1,7048	0,1970	751,1	1,7007	0,1902	750,9	1,6967	0,1839	750,6	1,6928
360	0,2078	756,4	1,7130	0,2004	756,2	1,7088	0,1936	756,0	1,7048	0,1872	755,8	1,7010
370	0,2114	761,6	1,7210	0,2039	761,4	1,7169	0,1970	761,2	1,7128	0,1904	760,9	1,7090
380	0,2150	766,7	1,7289	0,2074	766,5	1,7248	0,2003	766,3	1,7208	0,1937	766,1	1,7170
390	0,2185	771,8	1,7367	0,2108	771,6	1,7326	0,2036	771,4	1,7287	0,1969	771,2	1,7248
400	0,2220	776,9	1,7444	0,2142	776,8	1,7403	0,2070	776,6	1,7364	0,2001	776,4	1,7325
410	0,2256	782,1	1,7519	0,2177	781,9	1,7479	0,2103	781,7	1,7440	0,2034	781,5	1,7401
420	0,2291	787,2	1,7594	0,2211	787,1	1,7554	0,2136	786,9	1,7515	0,2066	786,7	1,7477
430	0,2326	792,4	1,7668	0,2245	792,2	1,7628	0,2169	792,1	1,7589	0,2097	791,9	1,7551
440	0,2361	797,6	1,7741	0,2279	797,4	1,7701	0.2201	797,3	1,7662	0,2129	797,1	1,7624
450	0,2396	802,7	1,7813	0,2312	802,6	1,7773	0,2234	802,4	1,7735	0,2161	802,3	1,7697
460	0,2431	807,9	1,7885	0,2346	807,8	1,7845	0,2267	807,6	1,7806	0,2193	807,5	1,7769
470	0,2466	813,1	1,7956	0,2380	813,0	1,7916	0,2299	812,8	1,7877	0,2224	812,7	1,7839
480	0,2501	818,3	1,8026	0,2414	818,2	1,7986	0,2332	818,0	1,7947	0,2256	817,9	1,7909
490	0.2536	823,6	1,8095	0,2447	823,4	1,8055	0,2365	823,3	1,8016	0,2287	823,2	1,7979
500	0,2570	828,8	1,8163	0,2481	828,7	1,8123	0,2397	828,6	1,8085	0,2319	828,5	1,8047
510	0,2605	834,1	1,8231	0,2514	834,0	1,8191	0,2430	833,8	1,8153	0,2350	833,7	1,8115
520	0,2639	839,4	1,8298	0,2548	839,3	1,8258	0,2462	839,1	1,8220	0,2381	839,0	1,8182
530	0,2674	844,7	1,8364	0,2581	844,6	1,8325	0,2494	844,4	1,8286	0,2413	844,3	1,8249
540	0,2709	850,0	1,8430	0,2614	849,9	1,8391	0,2526	849,8	1,8352	0,2444	849,7	1,8315
550	0,2744	855,3	1,8496	0,2647	855,2	1,8457	0,2558	855,1	1,8417	0,2475	855,0	1,8381

Tafel III. Wasser und überhitzter Dampf (Fortsetzung).

t	16,0 at $t_s = 200{,}43$			16,5 at $t_s = 201{,}91$			17,0 at $t_s = 203{,}35$			17,5 at $t_s = 204{,}76$		
	v'' 0,1262	i'' 667,1	s'' 1,5351	v'' 0,1225	i'' 667,3	s'' 1,5325	v'' 0,1190	i'' 667,5	s'' 1,5300	v'' 0,1157	i'' 667,7	s'' 1,5275
	v	i	s	v	i	s	v	i	s	v	i	s
0	0.0009994	0,4	0,0000	0,0009994	0,4	0,0000	0,0009993	0,4	0,0000	0,0009993	0,4	0,0000
10	0,0009996	10,4	0,0361	0,0009996	10,4	0,0361	0,0009996	10,4	0,0361	0,0009995	10,4	0,0361
20	0,0010011	20,4	0,0707	0,0010011	20,4	0,0707	0,0010011	20,4	0,0707	0,0010011	20,4	0,0707
30	0,0010037	30,3	0,1041	0,0010037	30,4	0,1041	0,0010036	30,4	0,1041	0,0010036	30,4	0,1041
40	0,0010072	40,3	0,1364	0,0010072	40,3	0,1364	0,0010072	40,3	0,1364	0,0010071	40,3	0,1364
50	0,0010114	50,3	0,1678	0,0010114	50,3	0,1678	0,0010114	50,3	0,1678	0,0010113	50,3	0,1678
60	0,0010163	60,2	0,1982	0,0010163	60,3	0,1982	0,0010163	60,3	0,1982	0,0010163	60,3	0,1982
70	0,0010220	70,2	0,2277	0,0010220	70,2	0,2277	0,0010220	70,3	0,2277	0,0010220	70,3	0,2277
80	0,0010282	80,2	0,2564	0,0010282	80,2	0,2564	0,0010282	80,3	0,2564	0,0010282	80,3	0,2564
90	0,0010351	90,3	0,2845	0,0010351	90,3	0,2844	0,0010351	90,3	0,2844	0,0010350	90,3	0,2844
100	0,0010427	100,3	0,3118	0,0010426	100,3	0,3118	0,0010426	100,3	0,3118	0,0010426	100,3	0,3117
110	0,0010508	110,4	0,3384	0,0010508	110,4	0,3384	0,0010507	110,4	0,3384	0,0010507	110,4	0,3383
120	0,0010595	120,5	0,3644	0,0010595	120,5	0,3644	0,0010595	120,5	0,3644	0,0010595	120,5	0,3644
130	0,0010690	130,6	0,3898	0,0010690	130,7	0,3898	0,0010689	130,7	0,3898	0,0010689	130,7	0,3898
140	0,0010791	140,8	0,4147	0,0010790	140,8	0,4147	0,0010790	140,9	0,4147	0,0010790	140,9	0,4147
150	0,0010899	151,1	0,4392	0,0010898	151,1	0,4392	0,0010898	151,1	0,4392	0,0010898	151,1	0,4391
160	0,0011014	161,4	0,4633	0,0011014	161,4	0,4633	0,0011013	161,4	0,4633	0,0011013	161,4	0,4633
170	0,0011138	171,8	0,4870	0,0011137	171,8	0,4870	0,0011137	171,8	0,4870	0,0011137	171,8	0,4870
180	0,0011270	182,3	0,5104	0,0011270	182,3	0,5104	0,0011269	182,3	0,5104	0,0011269	182,3	0,5103
190	0,0011412	192,8	0,5334	0,0011412	192,8	0,5334	0,0011411	192,8	0,5334	0,0011411	192,8	0,5334
200	0,0011565	203,5	0,5562	0,0011565	203,5	0,5562	0,0011564	203,5	0,5562	0,0011563	203,5	0,5561
210	0,1302	673,8	1,5493	0,1258	673,0	1,5447	0,1216	672,3	1,5401	0,1178	671,5	1,5356
220	0,1341	680,3	1,5625	0,1296	679,6	1,5581	0,1254	679,0	1,5538	0,1215	678,3	1,5495
230	0,1378	686,3	1,5745	0,1333	685,7	1,5703	0,1290	685,1	1,5661	0,1250	684,5	1,5621
240	0,1414	692,0	1,5859	0,1368	691,5	1,5817	0,1325	691,0	1,5777	0,1284	690,5	1,5738
250	0,1449	697,6	1,5966	0,1403	697,1	1,5926	0,1358	696,7	1,5887	0,1317	696,2	1,5848
260	0,1484	703,1	1,6070	0,1437	702,6	1,6030	0,1391	702,3	1,5992	0,1349	701,8	1,5954
270	0,1518	708,5	1,6171	0,1470	708,1	1,6131	0,1424	707,7	1,6093	0,1381	707,3	1,6056
280	0,1552	713,8	1,6268	0,1503	713,5	1,6229	0,1456	713,1	1,6191	0,1412	712,7	1,6155
290	0,1585	719,1	1,6363	0,1535	718,7	1,6324	0,1488	718,4	1,6287	0,1443	718,0	1,6250
300	0,1618	724,4	1,6455	0,1567	724,1	1,6417	0,1519	723,8	1,6380	0,1474	723,5	1,6344
310	0,1651	729,6	1,6546	0,1599	729,3	1,6509	0,1550	729,0	1,6471	0,1504	728,7	1,6435
320	0,1684	734,8	1,6634	0,1631	734,5	1,6597	0,1581	734,2	1,6560	0,1534	734,0	1,6524
330	0,1716	740,0	1,6721	0,1662	739,7	1,6684	0,1611	739,4	1,6647	0,1564	739,2	1,6612
340	0,1748	745,2	1,6806	0,1693	744,9	1,6769	0,1642	744,7	1,6733	0,1593	744,4	1,6698
350	0,1780	750,4	1,6890	0,1724	750,1	1,6852	0,1672	749,9	1,6817	0,1623	749,6	1,6782
360	0,1812	755,5	1,6972	0,1755	755,3	1,6935	0,1702	755,1	1,6900	0,1652	754,8	1,6865
370	0,1843	760,7	1,7053	0,1786	760,5	1,7016	0,1732	760,3	1,6981	0,1681	760,0	1,6946
380	0,1875	765,9	1,7133	0,1817	765,7	1,7096	0,1762	765,4	1,7061	0,1710	765,2	1,7026
390	0,1906	771,0	1,7211	0,1847	770,8	1,7175	0,1792	770,6	1,7140	0,1739	770,4	1,7105
400	0,1937	776,2	1,7288	0,1877	776,0	1,7252	0,1821	775,8	1,7217	0,1768	775,6	1,7183
410	0,1969	781,3	1,7364	0,1908	781,2	1,7328	0,1850	781,0	1,7293	0,1796	780,8	1,7260
420	0,2000	786,5	1,7440	0,1938	786,4	1,7404	0,1880	786,2	1,7369	0,1825	786,0	1,7335
430	0,2031	791,7	1,7514	0,1968	791,6	1,7478	0,1909	791,4	1,7443	0,1853	791,2	1,7410
440	0,2062	796,9	1,7587	0,1998	796,8	1,7552	0,1938	796,6	1,7517	0,1882	796,4	1,7484
450	0,2092	802,1	1,7660	0,2028	802,0	1,7625	0,1967	801,8	1,7591	0,1910	801,6	1,7557
460	0,2123	807,3	1,7732	0,2058	807,2	1,7697	0,1996	807,0	1,7662	0,1938	806,9	1,7629
470	0,2154	812,5	1,7803	0,2088	812,4	1,7768	0,2025	812,2	1,7733	0,1966	812,1	1,7700
480	0,2184	817,8	1,7873	0,2117	817,6	1,7838	0,2054	817,5	1,7804	0,1995	817,4	1,7770
490	0,2215	823,0	1,7942	0,2147	822,9	1,7907	0,2083	822,8	1,7873	0,2023	822,6	1,7840
500	0,2245	828,3	1,8011	0,2176	828,2	1,7976	0,2112	828,1	1,7942	0,2050	827,9	1,7909
510	0,2276	833,6	1,8079	0,2206	833,5	1,8044	0,2141	833,4	1,8010	0,2078	833,2	1,7977
520	0,2306	838,9	1,8146	0,2236	838,8	1,8111	0,2169	838,7	1,8077	0,2106	838,5	1,8044
530	0,2336	844,2	1,8213	0,2265	844,1	1,8178	0,2198	844,0	1,8144	0,2134	843,9	1,8111
540	0,2367	849,6	1,8279	0,2294	849,5	1,8244	0,2226	849,4	1,8210	0,2162	849,3	1,8177
550	0,2397	854,9	1,8345	0,2323	854,8	1,8310	0,2254	854,7	1,8276	0,2190	854,6	1,8243

Tafel III. Wasser und überhitzter Dampf (Fortsetzung).

t	18,0 at $t_s = 206,14$			18,5 at $t_s = 207,49$			19,0 at $t_s = 208,81$			19,5 at $t_s = 210,11$		
	v''	i''	s''	v''	i''	s''	v''	i''	s''	v''	i''	s''
	0,1126	667,9	1,5251	0,1096	668,0	1,5228	0,1068	668,2	1,5205	0,1041	668,3	1,5182
	v	i	s	v	i	s	v	i	s	v	i	s
0	0,0009993	0,4	0,0000	0,0009993	0,4	0,0000	0,0009992	0,5	0,0000	0,0009992	0,5	0,0000
10	0,0009995	10,4	0,0361	0,0009995	10,5	0,0360	0,0009995	10,5	0,0360	0,0009995	10,5	0,0360
20	0,0010010	20,4	0,0707	0,0010010	20,4	0,0707	0,0010010	20,5	0,0707	0,0010010	20,5	0,0707
30	0,0010036	30,4	0,1041	0,0010036	30,4	0,1041	0,0010036	30,4	0,1041	0,0010035	30,4	0,1041
40	0,0010071	40,4	0,1364	0,0010071	40,4	0,1364	0,0010071	40,4	0,1364	0,0010070	40,4	0,1364
50	0,0010113	50,3	0,1678	0,0010113	50,3	0,1677	0,0010113	50,3	0,1677	0,0010112	50,3	0,1677
60	0,0010162	60,3	0,1982	0,0010162	60,3	0,1982	0,0010162	60,3	0,1981	0,0010162	60,3	0,1981
70	0,0010219	70,3	0,2277	0,0010219	70,3	0,2277	0,0010219	70,3	0,2277	0,0010218	70,3	0,2276
80	0,0010281	80,3	0,2564	0,0010281	80,3	0,2564	0,0010281	80,3	0,2564	0,0010281	80,3	0,2563
90	0,0010350	90,3	0,2844	0,0010350	90,3	0,2844	0,0010349	90,3	0,2844	0,0010349	90,3	0,2844
100	0,0010425	100,3	0,3117	0,0010425	100,3	0,3117	0,0010425	100,4	0,3117	0,0010425	100,4	0,3117
110	0,0010507	110,4	0,3383	0,0010506	110,4	0,3383	0,0010506	110,4	0,3383	0,0010506	110,4	0,3383
120	0,0010594	120,5	0,3644	0,0010594	120,5	0,3643	0,0010594	120,5	0,3643	0,0010593	120,5	0,3643
130	0,0010689	130,7	0,3898	0,0010688	130,7	0,3898	0,0010688	130,7	0,3898	0,0010688	130,7	0,3897
140	0,0010789	140,9	0,4147	0,0010789	140,9	0,4147	0,0010789	140,9	0,4147	0,0010788	140,9	0,4147
150	0,0010897	151,1	0,4391	0,0010897	151,1	0,4391	0,0010897	151,1	0,4391	0,0010896	151,1	0,4391
160	0,0011013	161,4	0,4633	0,0011012	161,4	0,4632	0,0011012	161,4	0,4632	0,0011012	161,4	0,4632
170	0,0011136	171,8	0,4870	0,0011136	171,8	0,4869	0,0011136	171,8	0,4869	0,0011135	171,8	0,4869
180	0,0011268	182,3	0,5103	0,0011268	182,3	0,5103	0,0011268	182,3	0,5103	0,0011267	182,3	0,5103
190	0,0011411	192,9	0,5333	0,0011410	192,9	0,5333	0,0011410	192,9	0,5333	0,0011409	192,9	0,5333
200	0,0011563	203,5	0,5561	0,0011562	203,5	0,5561	0,0011562	203,5	0,5561	0,0011562	203,5	0,5560
210	0,1141	670,7	1,5311	0,1106	669,9	1,5267	0,1072	669,1	1,5223	0,0011726	214,3	0,5788
220	0,1177	677,7	1,5453	0,1142	677,0	1,5412	0,1108	676,3	1,5371	0,1076	675,6	1,5331
230	0,1212	684,0	1,5580	0,1176	683,6	1,5542	0,1142	682,8	1,5502	0,1109	682,2	1,5464
240	0,1245	690,0	1,5699	0,1209	689,6	1,5662	0,1174	689,0	1,5623	0,1141	688,5	1,5587
250	0,1278	695,7	1,5810	0,1240	695,4	1,5773	0,1205	694,9	1,5737	0,1172	694,4	1,5701
260	0,1309	701,4	1,5917	0,1271	701,0	1,5880	0,1236	700,5	1,5845	0,1201	700,1	1,5810
270	0,1340	706,9	1,6019	0,1302	706,5	1,5983	0,1265	706,1	1,5999	0,1230	705,7	1,5914
280	0,1371	712,4	1,6119	0,1332	712,0	1,6083	0,1294	711,7	1,6049	0,1259	711,3	1,6015
290	0,1401	717,7	1,6215	0,1361	717,4	1,6180	0,1323	717,1	1,6146	0,1287	716,7	1,6113
300	0,1431	723,2	1,6309	0,1390	722,9	1,6275	0,1352	722,5	1,6241	0,1315	722,2	1,6207
310	0,1460	728,4	1,6401	0,1419	728,1	1,6367	0,1380	727,8	1,6333	0,1343	727,5	1,6300
320	0,1490	733,7	1,6490	0,1448	733,4	1,6457	0,1408	733,2	1,6424	0,1370	732,9	1,6391
330	0,1519	738,9	1,6578	0,1476	738,6	1,6544	0,1436	738,4	1,6513	0,1397	738,1	1,6480
340	0,1548	744,2	1,6664	0,1504	743,9	1,6630	0,1463	743,7	1,6599	0,1424	743,4	1,6567
350	0,1576	749,4	1,6748	0,1532	749,2	1,6715	0,1490	748,9	1,6683	0,1451	748,7	1,6652
360	0,1605	754,6	1,6831	0,1560	754,4	1,6798	0,1518	754,2	1,6766	0,1477	753,9	1,6735
370	0,1633	759,8	1,6913	0,1588	759,6	1,6880	0,1545	759,4	1,6848	0,1504	759,2	1,6817
380	0,1661	765,0	1,6993	0,1615	764,8	1,6961	0,1572	764,6	1,6929	0,1530	764,4	1,6898
390	0,1689	770,2	1,7072	0,1643	770,0	1,7040	0,1598	769,8	1,7008	0,1556	769,6	1,6977
400	0,1717	775,4	1,7150	0,1670	775,2	1,7118	0,1625	775,0	1,7086	0,1582	774,9	1,7055
410	0,1745	780,6	1,7226	0,1697	780,4	1,7194	0,1651	780,2	1,7163	0,1608	780,1	1,7132
420	0,1773	785,8	1,7302	0,1724	785,6	1,7270	0,1678	785,5	1,7239	0,1634	785,3	1,7208
430	0,1801	791,0	1,7377	0,1751	790,9	1,7345	0,1704	790,7	1,7314	0,1660	790,5	1,7283
440	0,1829	796,3	1,7451	0,1778	796,1	1,7419	0,1730	795,9	1,7388	0,1685	795,8	1,7357
450	0,1856	801,5	1,7524	0,1805	801,3	1,7493	0,1757	801,1	1,7462	0,1711	801,0	1,7431
460	0,1884	806,7	1,7596	0,1832	806,5	1,7565	0,1783	806,4	1,7534	0,1736	806,2	1,7504
470	0,1911	811,9	1,7668	0,1858	811,8	1,7636	0,1809	811,6	1,7575	0,1761	811,5	1,7575
480	0,1938	817,2	1,7738	0,1885	817,1	1,7706	0,1835	816,9	1,7675	0,1787	816,8	1,7645
490	0,1966	822,5	1,7807	0,1912	822,4	1,7776	0,1861	822,2	1,7745	0,1812	822,1	1,7715
500	0,1993	827,8	1,7876	0,1938	827,7	1,7845	0,1886	827,5	1,7814	0,1837	827,4	1,7784
510	0,2020	833,1	1,7944	0,1965	833,0	1,7913	0,1912	832,8	1,7882	0,1863	832,7	1,7852
520	0,2047	838,4	1,8012	0,1991	838,3	1,7981	0,1938	838,2	1,7950	0.1888	838,1	1,7920
530	0,2074	843,7	1,8079	0,2018	843,6	1,8048	0,1964	843,5	1,8017	0,1913	843,4	1,7987
540	0,2101	849,1	1,8145	0,2044	849,0	1,8114	0,1989	848,9	1,8084	0,1938	848,8	1,8054
550	0,2128	854,4	1,8211	0,2070	854,3	1,8180	0,2015	854,2	1,8150	0,1963	854,1	1,8120

Tafel III. Wasser und überhitzter Dampf (Fortsetzung).

t	20 at $t_x = 211,38$ v'' 0,1016	i'' 668,5	s'' 1,5160	21 at $t_x = 213,85$ v'' 0,09682	i'' 668,7	s'' 1,5118	22 at $t_x = 216,23$ v'' 0,09251	i'' 668,9	s'' 1,5078	23 at $t_x = 218,53$ v'' 0,08856	i'' 669,1	s'' 1,5038
	v	i	s	v	i	s	v	i	s	v	i	s
0	0,0009992	0,5	0,0000	0,0009991	0,5	0,0000	0,0009991	0,5	0,0000	0,0009990	0,6	0,0000
10	0,0009994	10,5	0,0360	0,0009994	10,5	0,0360	0,0009993	10,5	0,0360	0,0009993	10,6	0,0360
20	0,0010010	20,5	0,0707	0,0010010	20,5	0,0707	0,0010009	20,5	0,0706	0,0010008	20,5	0,0706
30	0,0010035	30,4	0,1041	0,0010035	30,4	0,1041	0,0010034	30,5	0,1041	0,0010034	30,5	0,1040
40	0,0010070	40,4	0,1364	0,0010070	40,4	0,1363	0,0010069	40,4	0,1363	0,0010069	40,5	0,1363
50	0,0010112	50,4	0,1677	0,0010112	50,4	0,1677	0,0010111	50,4	0,1677	0,0010111	50,4	0,1677
60	0,0010161	60,3	0,1981	0,0010161	60,3	0,1981	0,0010161	60,4	0,1981	0,0010160	60,4	0,1981
70	0,0010218	70,3	0,2276	0,0010218	70,3	0,2276	0,0010217	70,3	0,2276	0,0010217	70,4	0,2276
80	0,0010280	80,3	0,2563	0,0010280	80,3	0,2563	0,0010279	80,3	0,2563	0,0010279	80,4	0,2563
90	0,0010349	90,3	0,2844	0,0010349	90,3	0,2843	0,0010348	90,4	0,2843	0,0010348	90,4	0,2843
100	0,0010425	100,4	0,3117	0,0010424	100,4	0,3117	0,0010424	100,4	0,3116	0,0010423	100,4	0,3116
110	0,0010506	110,4	0,3383	0,0010505	110,5	0,3383	0,0010505	110,5	0,3383	0,0010504	110,5	0,3382
120	0,0010593	120,5	0,3643	0,0010593	120,6	0,3643	0,0010592	120,6	0,3643	0,0010592	120,6	0,3643
130	0,0010688	130,7	0,3897	0,0010687	130,7	0,3897	0,0010687	130,7	0,3897	0,0010686	130,8	0,3897
140	0,0010788	140,9	0,4146	0,0010788	140,9	0,4146	0,0010787	140,9	0,4146	0,0010786	141,0	0,4146
150	0,0010896	151,1	0,4391	0,0010895	151,1	0,4391	0,0010895	151,2	0,4390	0,0010894	151,2	0,4390
160	0,0011011	161,4	0,4632	0,0011011	161,5	0,4632	0,0011010	161,5	0,4631	0,0011009	161,5	0,4631
170	0,0011135	171,8	0,4869	0,0011134	171,8	0,4868	0,0011133	171,8	0,4868	0,0011133	171,9	0,4868
180	0,0011267	182,3	0,5102	0,0011266	182,3	0,5102	0,0011265	182,3	0,5101	0,0011265	182,3	0,5101
190	0,0011409	192,9	0,5333	0,0011408	192,9	0,5332	0,0011407	192,9	0,5332	0,0011406	192,9	0,5331
200	0,0011561	203,5	0,5560	0,0011560	203,5	0,5560	0,0011559	203,5	0,5559	0,0011558	203,6	0,5559
210	0,0011726	214,3	0,5788	0,0011725	214,3	0,5787	0,0011723	214,3	0,5787	0,0011722	214,3	0,5786
220	0,1046	674,9	1,5291	0,09893	673,5	1,5213	0,09377	672,0	1,5136	0,08905	670,4	1,5061
230	0,1079	681,7	1,5427	0,1021	680,4	1,5353	0,09691	679,1	1,5281	0,09213	677,8	1,5211
240	0,1110	688,0	1,5551	0,1052	686,9	1,5480	0,09986	685,7	1,5412	0,09502	684,6	1,5345
250	0,1140	694,0	1,5666	0,1081	692,9	1,5598	0,1027	691,9	1,5532	0,09777	690,9	1,5468
260	0,1169	699,8	1,5776	0,1109	698,8	1,5709	0,1054	697,9	1,5645	0,1004	697,0	1,5583
270	0,1198	705,3	1,5881	0,1137	704,6	1,5816	0,1081	703,7	1,5753	0,1030	703,0	1,5693
280	0,1226	710,9	1,5982	0,1164	710,2	1,5918	0,1107	709,4	1,5857	0,1055	708,7	1,5797
290	0,1253	716,4	1,6080	0,1190	715,7	1,6018	0,1133	715,0	1,5957	0,1080	714,3	1,5898
300	0,1281	721,9	1,6176	0,1216	721,3	1,6114	0,1158	720,6	1,6054	0,1104	719,9	1,5996
310	0,1308	727,2	1,6269	0,1242	726,6	1,6207	0,1183	726,0	1,6148	0,1128	725,4	1,6091
320	0,1334	732,6	1,6360	0,1268	732,0	1,6299	0,1207	731,4	1,6240	0,1152	730,8	1,6184
330	0,1361	737,9	1,6449	0,1293	737,3	1,6388	0,1232	736,8	1,6330	0,1176	736,2	1,6274
340	0,1387	743,2	1,6535	0,1318	742,7	1,6475	0,1256	742,2	1,6418	0,1199	741,6	1,6368
350	0,1413	748,5	1,6621	0,1343	748,0	1,6561	0,1280	747,5	1,6504	0,1222	747,0	1,6449
360	0,1439	753,7	1,6705	0,1368	753,3	1,6646	0,1304	752,8	1,6588	0,1245	752,3	1,6534
370	0,1465	758,9	1,6787	0,1393	758,5	1,6728	0,1327	758,1	1,6671	0,1268	757,6	1,6617
380	0,1491	764,2	1,6867	0,1417	763,8	1,6809	0,1351	763,3	1,6753	0,1290	762,9	1,6699
390	0,1516	769,4	1,6947	0,1442	769,0	1,6889	0,1374	768,6	1,6833	0,1312	768,2	1,6780
400	0,1542	774,7	1.7025	0,1466	774,3	1,6967	0,1397	773,9	1,6912	0,1335	773,5	1,6859
410	0,1567	779,9	1,7102	0.1490	779,5	1,7045	0,1421	779,1	1,6990	0,1357	778,8	1,6936
420	0,1592	785,1	1,7178	0,1514	784,8	1,7121	0,1444	784,4	1,7066	0,1379	784,1	1,7013
430	0,1617	790,4	1,7254	0,1538	790,0	1,7196	0,1467	789,7	1,7142	0,1401	789,3	1,7089
440	0,1642	795,6	1,7328	0,1562	795,3	1,7271	0,1490	795,0	1,7216	0,1423	794,6	1,7164
450	0,1667	800,8	1,7402	0,1586	800,5	1,7345	0,1512	800,2	1,7290	0,1445	799,9	1,7238
460	0,1692	806,1	1,7474	0,1610	805,8	1,7417	0,1535	805,5	1,7363	0,1467	805,2	1,7311
470	0,1717	811,4	1,7545	0,1633	811,1	1,7489	0,1558	810,8	1,7435	0,1489	810,5	1,7383
480	0,1741	816,7	1,7616	0,1657	816,4	1,7560	0,1580	816,1	1,7506	0,1510	815,8	1,7454
490	0,1766	822,0	1,7686	0,1681	821,7	1,7630	0,1603	821,4	1,7576	0,1532	821,2	1,7524
500	0,1791	827,3	1,7755	0,1704	827,0	1,7699	0,1625	826,8	1,7645	0,1553	826,5	1,7594
510	0,1815	832,6	1,7823	0,1728	832,3	1,7767	0,1648	832,1	1,7714	0,1575	831,9	1,7663
520	0,1840	837,9	1,7891	0,1751	837,7	1,7835	0,1670	837,5	1,7782	0,1596	837,2	1,7731
530	0,1864	843,3	1,7958	0,1774	843,1	1,7902	0,1693	842,9	1,7849	0,1618	842,6	1,7798
540	0,1888	848,7	1,8025	0,1797	848,5	1,7969	0,1715	848,3	1,7916	0,1639	848,0	1,7865
550	0,1912	854,0	1,8091	0,1820	853,8	1,8035	0,1738	853,6	1,7982	0,1661	853,3	1,7931

Tabelle III. Wasser und überhitzter Dampf (Fortsetzung).

t	24 at $t_s = 220{,}75$			25 at $t_s = 222{,}90$			26 at $t_s = 224{,}99$			27 at $t_s = 227{,}01$		
	v'' 0,08492	i'' 669,3	s'' 1,5000	v'' 0,08157	i'' 669,4	s'' 1,4962	v'' 0,07846	i'' 669,5	s'' 1,4926	v'' 0,07557	i'' 669,6	s'' 1,4891
	v	i	s	v	i	s	v	i	s	v	i	s
0	0,0009990	0,6	0,0000	0,0009989	0,6	0,0000	0,0009989	0,6	0,0000	0,0009988	0,6	0,0000
10	0,0009992	10,6	0,0360	0,0009992	10,6	0,0360	0,0009992	10,6	0,0360	0,0009991	10,6	0,0360
20	0,0010008	20,6	0,0706	0,0010007	20,6	0,0706	0,0010007	20,6	0,0706	0,0010007	20,6	0,0706
30	0,0010033	30,5	0,1040	0,0010033	30,5	0,1040	0,0010033	30,6	0,1040	0,0010032	30,6	0,1040
40	0,0010069	40,5	0,1363	0,0010068	40,5	0,1363	0,0010068	40,5	0,1362	0,0010067	40,5	0,1362
50	0,0010110	50,4	0,1677	0,0010110	50,4	0,1677	0,0010110	50,5	0,1677	0,0010109	50,5	0,1676
60	0,0010160	60,4	0,1981	0,0010159	60,4	0,1980	0,0010159	60,4	0,1980	0,0010158	60,5	0,1980
70	0,0010216	70,4	0,2276	0,0010216	70,4	0,2275	0,0010215	70,4	0,2275	0,0010215	70,5	0,2275
80	0,0010278	80,4	0,2562	0,0010278	80,4	0,2562	0,0010277	80,4	0,2562	0,0010277	80,4	0,2562
90	0,0010347	90,4	0,2843	0,0010347	90,4	0,2843	0,0010346	90,4	0,2842	0,0010346	90,5	0,2842
100	0,0010423	100,4	0,3116	0,0010422	100,5	0,3116	0,0010422	100,5	0,3116	0,0010421	100,5	0,3115
110	0,0010504	110,5	0,3382	0,0010503	110,5	0,3382	0,0010503	110,5	0,3382	0,0010502	110,6	0,3382
120	0,0010591	120,6	0,3642	0,0010591	120,6	0,3642	0,0010590	120,6	0,3642	0,0010590	120,7	0,3642
130	0,0010685	130,8	0,3897	0,0010685	130,8	0,3896	0,0010684	130,8	0,3896	0,0010684	130,8	0,3896
140	0,0010786	141,0	0,4146	0,0010785	141,0	0,4145	0,0010785	141,0	0,4145	0,0010784	141,0	0,4145
150	0,0010893	151,2	0,4390	0,0010893	151,2	0,4390	0,0010892	151,2	0,4389	0,0010891	151,2	0,4389
160	0,0011008	161,5	0,4631	0,0011008	161,5	0,4630	0,0011007	161,5	0,4630	0,0011006	161,5	0,4630
170	0,0011132	171,9	0,4867	0,0011131	171,9	0,4867	0,0011130	171,9	0,4866	0,0011130	171,9	0,4866
180	0,0011264	182,3	0,5101	0,0011263	182,3	0,5100	0,0011262	182,4	0,5100	0,0011261	182,4	0,5099
190	0,0011405	192,9	0,5331	0,0011404	192,9	0,5330	0,0011403	192,9	0,5330	0,0011403	192,9	0,5329
200	0,0011557	203,6	0,5558	0,0011556	203,6	0,5558	0,0011555	203,6	0,5558	0,0011554	203,6	0,5557
210	0,0011721	214,4	0,5786	0,0011720	214,4	0,5785	0,0011719	214,4	0,5785	0,0011718	214,4	0,5784
220	0,0011900	225,3	0,6010	0,0011899	225,3	0,6009	0,0011897	225,3	0,6009	0,0011896	225,3	0,6008
230	0,08770	676,5	1,5142	0,08367	675,0	1,5074	0,07992	673,6	1,5007	0,07642	672,1	1,4941
240	0,09056	683,4	1,5280	0,08646	682,2	1,5216	0,08266	681,0	1,5153	0,07913	679,7	1,5092
250	0,09325	689,9	1,5406	0,08909	688,9	1,5345	0,08524	687,8	1,5285	0,08167	686,7	1,5227
260	0,09583	696,1	1,5523	0,09161	695,2	1,5464	0,08770	694,2	1,5407	0,08408	693,3	1,5351
270	0,09835	702,1	1,5634	0,09405	701,2	1,5577	0,09008	700,4	1,5521	0,08640	699,5	1,5467
280	0,1008	707,9	1,5740	0,09642	707,1	1,5684	0,09239	706,4	1,5630	0,08865	705,6	1,5577
290	0,1032	713,6	1,5842	0,09874	712,9	1,5787	0,09464	712,2	1,5734	0,09085	711,5	1,5683
300	0,1055	719,3	1,5941	0,1010	718,6	1,5887	0,09685	717,9	1,5835	0,09300	717,2	1,5784
310	0,1079	724,8	1,6037	0,1033	724,1	1,5983	0,09903	723,5	1,5932	0,09511	722,9	1,5882
320	0,1102	730,3	1,6130	0,1055	729,6	1,6077	0,1012	729,1	1,6026	0,09719	728,5	1,5978
330	0,1124	735,7	1,6221	0,1077	735,1	1,6169	0,1033	734,6	1,6119	0,09924	734,0	1,6071
340	0,1147	741,1	1,6309	0,1098	740,6	1,6258	0,1054	740,1	1,6209	0,1013	739,6	1,6161
350	0,1169	746,5	1,6397	0,1120	746,0	1,6346	0,1075	745,6	1,6296	0,1033	745,1	1,6249
360	0,1191	751,9	1,6482	0,1141	751,4	1,6431	0,1095	751,0	1,6382	0,1053	750,5	1,6335
370	0,1213	757,2	1,6565	0,1162	756,7	1,6515	0,1116	756,3	1,6467	0,1072	755,9	1,6420
380	0,1234	762,5	1,6647	0,1183	762,1	1,6598	0,1136	761,7	1,6550	0,1092	761,2	1,6503
390	0,1256	767,8	1,6728	0,1204	767,4	1,6679	0,1156	767,0	1,6631	0,1111	766,6	1,6585
400	0,1277	773,1	1,6808	0,1225	772,7	1,6758	0,1176	772,3	1,6711	0,1131	772,0	1,6665
410	0,1299	778,4	1,6886	0,1245	778,0	1,6836	0,1196	777,7	1,6789	0,1150	777,3	1,6744
420	0,1320	783,7	1,6963	0,1266	783,3	1,6914	0,1216	783,0	1,6867	0,1169	782,6	1,6821
430	0,1341	789,0	1,7038	0,1286	788,7	1,6990	0,1235	788,3	1,6943	0,1188	788,0	1,6898
440	0,1362	794,3	1,7113	0,1307	794,0	1,7075	0,1255	793,7	1,7018	0,1207	793,3	1,6973
450	0,1383	799,6	1,7188	0,1327	799,3	1,7140	0,1274	799,0	1,7093	0,1226	798,6	1,7048
460	0,1404	804,9	1,7261	0,1347	804,6	1,7213	0,1294	804,3	1,7167	0,1245	804,0	1,7122
470	0,1425	810,2	1,7333	0,1367	809,9	1,7286	0,1313	809,6	1,7239	0,1263	809,3	1,7195
480	0,1446	815,5	1,7405	0,1387	815,3	1,7357	0,1332	815,0	1,7311	0,1282	814,7	1,7266
490	0,1467	820,9	1,7475	0,1407	820,6	1,7427	0,1352	820,4	1,7382	0,1301	820,1	1,7337
500	0,1488	826,2	1,7545	0,1427	826,0	1,7497	0,1371	825,7	1,7451	0,1319	825,5	1,7407
510	0,1509	831,6	1,7614	0,1446	831,4	1,7566	0,1390	831,1	1,7520	0,1338	830,9	1,7476
520	0,1529	837,0	1,7682	0,1466	836,8	1,7634	0,1409	836,5	1,7589	0,1356	836,3	1,7545
530	0,1549	842,4	1,7749	0,1486	842,2	1,7702	0,1428	842,0	1,7657	0,1374	841,7	1,7613
540	0,1570	847,8	1,7816	0,1506	847,6	1,7769	0,1447	847,4	1,7724	0,1392	847,1	1,7680
550	0,1591	853,1	1,7882	0,1526	852,9	1,7835	0,1466	852,7	1,7791	0,1410	852,5	1,7747

Tafel III. Wasser und überhitzter Dampf (Fortsetzung).

t	28 at $t_s = 228,98$			29 at $t_s = 230,89$			30 at $t_s = 232,76$			31 at $t_s = 234,57$		
	v'' 0,07288	i'' 669,6	s'' 1,4857	v'' 0,07037	i'' 669,7	s'' 1,4825	v'' 0,06802	i'' 669,7	s'' 1,4793	v'' 0,06583	i'' 669,7	s'' 1,4762
	v	i	s	v	i	s	v	i	s	v	i	s
0	0,0009988	0,7	0,0000	0,0009987	0,7	0,0000	0,0009987	0,7	0,0000	0,0009986	0,7	0,0000
10	0,0009991	10,7	0,0360	0,0009990	10,7	0,0360	0,0009990	10,7	0,0360	0,0009989	10,7	0,0360
20	0,0010006	20,6	0,0706	0,0010006	20,7	0,0706	0,0010005	20,7	0,0706	0,0010005	20,7	0,0706
30	0,0010032	30,6	0,1040	0,0010031	30,6	0,1040	0,0010031	30,6	0,1040	0,0010030	30,7	0,1040
40	0,0010067	40,6	0,1362	0,0010066	40,6	0,1362	0,0010066	40,6	0,1362	0,0010065	40,6	0,1362
50	0,0010109	50,5	0,1676	0,0010108	50,5	0,1676	0,0010108	50,6	0,1676	0,0010107	50,6	0,1676
60	0,0010158	60,5	0,1980	0,0010157	60,5	0,1980	0,0010157	60,5	0,1980	0,0010157	60,5	0,1980
70	0,0010214	70,5	0,2275	0,0010213	70,5	0,2275	0,0010213	70,5	0,2275	0,0010213	70,5	0,2275
80	0,0010276	80,5	0,2562	0,0010276	80,5	0,2562	0,0010275	80,5	0,2561	0,0010275	80,5	0,2561
90	0,0010345	90,5	0,2842	0,0010345	90,5	0,2842	0,0010344	90,5	0,2842	0,0010344	90,5	0,2841
100	0,0010420	100,5	0,3115	0,0010420	100,5	0,3115	0,0010419	100,5	0,3115	0,0010419	100,6	0,3114
110	0,0010502	110,6	0,3381	0,0010501	110,6	0,3381	0,0010501	110,6	0,3381	0,0010500	110,6	0,3381
120	0,0010589	120,7	0,3641	0,0010588	120,7	0,3641	0,0010588	120,7	0,3641	0,0010587	120,7	0,3641
130	0,0010683	130,8	0,3896	0,0010683	130,9	0,3896	0,0010682	130,9	0,3896	0,0010682	130,9	0,3895
140	0,0010783	141,0	0,4145	0,0010783	141,0	0,4144	0,0010782	141,1	0,4144	0,0010782	141,1	0,4144
150	0,0010891	151,2	0,4389	0,0010890	151,3	0,4389	0,0010890	151,3	0,4388	0,0010889	151,3	0,4388
160	0,0011006	161,5	0,4629	0,0011005	161,6	0,4629	0,0011004	161,6	0,4629	0,0011004	161,6	0,4628
170	0,0011129	171,9	0,4866	0,0011128	171,9	0,4865	0,0011127	171,9	0,4865	0,0011127	172,0	0,4864
180	0,0011260	182,4	0,5099	0,0011260	182,4	0,5098	0,0011259	182,4	0,5098	0,0011258	182,4	0,5097
190	0,0011402	192,9	0,5329	0,0011401	193,0	0,5328	0,0011400	193,0	0,5328	0,0011399	193,0	0,5328
200	0,0011554	203,6	0,5557	0,0011553	203,6	0,5556	0,0011552	203,6	0,5556	0,0011551	203,6	0,5556
210	0,0011717	214,4	0,5783	0,0011716	214,4	0,5783	0,0011715	214,4	0,5782	0,0011714	214,4	0,5782
220	0,0011895	225,3	0,6008	0,0011893	225,3	0,6007	0,0011892	225,3	0,6006	0,0011891	225,3	0,6006
230	0,07317	670,5	1,4875	0,0012087	236,4	0,6228	0,0012086	236,4	0,6227	0,0012084	236,4	0,6226
240	0,07584	678,4	1,5031	0,07278	677,0	1,4971	0,06990	675,7	1,4912	0,06721	674,3	1,4853
250	0,07834	685,6	1,5169	0,07524	684,4	1,5113	0,07234	683,3	1,5057	0,06962	682,1	1,5003
260	0,08071	692,3	1,5296	0,07757	691,3	1,5242	0,07463	690,3	1,5190	0,07187	689,2	1,5138
270	0,08298	698,6	1,5414	0,07979	697,7	1,5363	0,07681	696,8	1,5312	0,07402	695,9	1,5262
280	0,08518	704,7	1,5526	0,08194	703,9	1,5476	0,07892	703,1	1,5427	0,07609	702,4	1,5379
290	0,08732	710,7	1,5632	0,08403	709,9	1,5584	0,08096	709,2	1,5536	0,07808	708,5	1,5489
300	0,08941	716,5	1,5735	0,08607	715,8	1,5687	0,08295	715,2	1,5640	0,08003	714,5	1,5595
310	0,09146	722,2	1,5834	0,08807	721,6	1,5787	0,08490	721,0	1,5741	0,08193	720,4	1,5697
320	0,09348	727,9	1,5930	0,09004	727,3	1,5884	0,08681	726,8	1,5838	0,08380	726,2	1,5795
330	0,09548	733,5	1,6023	0,09197	733,0	1,5977	0,08870	732,4	1,5933	0,08564	731,9	1,5890
340	0,09744	739,1	1,6113	0,09388	738,5	1,6069	0,09056	738,0	1,6025	0,08745	737,5	1,5982
350	0,09939	744,6	1,6202	0,09577	744,1	1,6158	0,09240	743,6	1,6115	0,08924	743,0	1,6073
360	0,1013	750,0	1,6290	0,09764	749,6	1,6245	0,09421	749,1	1,6202	0,09101	748,6	1,6161
370	0,1032	755,4	1,6375	0,09950	755,0	1,6331	0,09601	754,6	1,6288	0,09276	754,1	1,6247
380	0,1051	760,8	1,6458	0,1013	760,4	1,6415	0,09780	760,0	1,6372	0,09449	759,5	1,6331
390	0,1070	766,2	1,6540	0,1032	765,8	1,6497	0,09957	765,4	1,6455	0,09621	764,9	1,6414
400	0,1089	771,6	1,6621	0,1050	771,2	1,6578	0,1013	770,8	1,6536	0,09792	770,4	1,6495
410	0,1107	776,9	1,6700	0,1068	776,6	1,6657	0,1031	776,2	1,6615	0,09962	775,8	1,6575
420	0,1126	782,3	1,6778	0,1086	781,9	1,6735	0,1048	781,6	1,6694	0,1013	781,2	1,6654
430	0,1144	787,7	1,6854	0,1104	787,3	1,6812	0,1065	787,0	1,6771	0,1030	786,6	1,6731
440	0,1163	793,0	1,6930	0,1121	792,7	1,6888	0,1083	792,4	1,6847	0,1046	792,0	1,6807
450	0,1181	798,3	1,7005	0,1139	798,0	1,6963	0,1100	797,7	1,6923	0,1063	797,4	1,6883
460	0,1199	803,7	1,7079	0,1156	803,4	1,7037	0,1117	803,1	1,6997	0,1080	802,8	1,6958
470	0,1217	809,0	1,7152	0,1174	808,8	1,7110	0,1134	808,5	1,7070	0,1096	808,2	1,7031
480	0,1235	814,4	1,7224	0,1191	814,2	1,7182	0,1151	813,9	1,7142	0,1112	813,6	1,7103
490	0,1253	819,8	1,7295	0,1209	819,6	1,7253	0,1168	819,3	1,7213	0,1129	819,0	1,7175
500	0,1271	825,2	1,7365	0,1226	825,0	1,7324	0,1184	824,7	1,7284	0,1145	824,5	1,7245
510	0,1289	830,6	1,7434	0,1243	830,4	1,7393	0,1201	830,1	1,7353	0,1161	829,9	1,7315
520	0,1306	836,0	1,7503	0,1260	835,8	1,7462	0,1218	835,5	1,7422	0,1177	835,3	1,7384
530	0,1324	841,4	1,7571	0,1278	841,2	1,7530	0,1235	841,0	1,7490	0,1194	840,8	1,7452
540	0,1342	846,9	1,7638	0,1295	846,7	1,7597	0,1251	846,5	1,7558	0,1210	846,3	1,7520
550	0,1359	852,3	1,7705	0,1312	852,1	1,7664	0,1268	851,9	1,7625	0,1226	851,7	1,7587

Tafel III. Wasser und überhitzter Dampf (Fortsetzung).

t	32 at $t_x = 236{,}35$			33 at $t_s = 238{,}08$			34 at $t_s = 239{,}77$			35 at $t_s = 241{,}42$		
	v'' 0,06375	i'' 669,7	s'' 1,4732	v'' 0,06179	i'' 669,6	s'' 1,4702	v'' 0,05995	i'' 669,6	s'' 1,4673	v'' 0,05822	i'' 669,5	s'' 1,4645
	v	i	s	v	i	s	v	i	s	v	i	s
0	0,0009986	0,8	0,0000	0,0009985	0,8	0,0000	0,0009985	0,8	0,0000	0,0009984	0,8	0,0000
10	0,0009989	10,8	0,0360	0,0009988	10,8	0,0360	0,0009988	10,8	0,0360	0,0009987	10,8	0,0360
20	0,0010004	20,7	0,0706	0,0010004	20,7	0,0706	0,0010003	20,8	0,0706	0,0010003	20,8	0,0706
30	0,0010030	30,7	0,1040	0,0010030	30,7	0,1040	0,0010029	30,7	0,1040	0,0010029	30,7	0,1040
40	0,0010065	40,6	0,1362	0,0010065	40,7	0,1362	0,0010064	40,7	0,1362	0,0010064	40,7	0,1362
50	0,0010107	50,6	0,1676	0,0010107	50,6	0,1676	0,0010106	50,6	0,1676	0,0010106	50,7	0,1675
60	0,0010156	60,6	0,1979	0,0010156	60,6	0,1979	0,0010155	60,6	0,1979	0.0010155	60,6	0,1979
70	0,0010212	70,5	0,2274	0,0010212	70,6	0,2274	0,0010211	70,6	0,2274	0,0010211	70,6	0,2274
80	0,0010275	80,5	0,2561	0,0010274	80,6	0,2561	0,0010274	80,6	0,2561	0,0010273	80,6	0,2561
90	0,0010343	90,5	0,2841	0,0010343	90,6	0,2841	0,0010342	90,6	0,2841	0,0010342	90,6	0,2841
100	0,0010418	100,6	0,3114	0,0010418	100,6	0,3114	0,0010417	100,6	0,3114	0,0010417	100,6	0,3114
110	0,0010500	110,6	0,3381	0,0010499	110,7	0,3380	0,0010498	110,7	0,3380	0,0010498	110,7	0,3380
120	0,0010587	120,8	0,3641	0,0010586	120,8	0,3640	0,0010586	120,8	0,3640	0,0010585	120,8	0,3640
130	0,0010681	130,9	0,3895	0,0010680	130,9	0,3895	0,0010680	130,9	0,3894	0,0010679	131,0	0,3894
140	0,0010781	141,1	0,4144	0,0010780	141,1	0,4143	0,0010780	141,1	0,4143	0,0010779	141,1	0,4143
150	0,0010888	151,3	0,4388	0,0010887	151,3	0,4387	0,0010887	151,3	0,4387	0,0010886	151,4	0,4387
160	0,0011003	161,6	0,4628	0,0011002	161,6	0,4628	0,0011002	161,6	0,4627	0,0011001	161,6	0,4627
170	0,0011126	172,0	0,4864	0,0011125	172,0	0,4864	0,0011124	172,0	0,4863	0,0011124	172,0	0,4863
180	0,0011257	182,4	0,5097	0,0011256	182,4	0,5097	0,0011255	182,4	0,5096	0,0011255	182,5	0,5096
190	0,0011398	193,0	0,5327	0,0011397	193,0	0,5327	0,0011396	193,0	0,5326	0,0011395	193,0	0,5326
200	0,0011550	203,7	0,5555	0,0011549	203,7	0,5554	0,0011548	203,7	0,5554	0,0011547	203,7	0,5553
210	0,0011713	214,4	0,5781	0,0011712	214,4	0,5781	0,0011711	214,4	0,5780	0,0011710	214,4	0,5780
220	0,0011890	225,4	0,6005	0,0011889	225,4	0,6005	0,0011888	225,4	0,6004	0,0011886	225,4	0,6004
230	0,0012083	236,4	0,6226	0,0012081	236,4	0,6225	0,0012080	236,4	0,6225	0,0012079	236,4	0,6224
240	0,06467	672,8	1,4794	0,06228	671,3	1,4736	0,06001	669,8	1,4678	0,0012290	247,7	0,6448
250	0,06706	680,8	1,4949	0,06465	679,5	1,4895	0,06237	678,2	1,4842	0,06022	676,9	1,4789
260	0,06929	688,1	1,5087	0,06685	687,0	1,5036	0,06455	685,9	1,4986	0,06238	684,8	1,4937
270	0,07140	694,9	1,5214	0,06894	693,9	1,5166	0,06661	692,9	1,5118	0,06442	692,0	1,5072
280	0,07343	701,4	1,5332	0,07093	700,5	1,5286	0,06857	699,6	1,5240	0,06635	698,8	1,5195
290	0,07539	707,7	1,5444	0,07285	706,9	1,5399	0,07046	706,1	1,5355	0,06820	705,3	1,5312
300	0,07729	713,8	1,5550	0,07472	713,1	1,5507	0,07229	712,4	1,5464	0,07000	711,6	1,5422
310	0,07915	719,7	1,5653	0,07654	719,0	1,5610	0,07407	718,4	1,5569	0,07175	717,7	1,5528
320	0,08098	725,6	1,5752	0,07832	724,9	1,5710	0,07582	724,3	1,5669	0,07346	723,6	1,5629
330	0,08277	731,3	1,5848	0,08007	730,7	1,5807	0,07753	730,2	1,5766	0,07513	729,5	1,5727
340	0,08453	737,0	1,5941	0,08179	736,4	1,5900	0,07921	735,9	1,5861	0,07678	735,3	1,5822
350	0,08627	742,6	1,6031	0,08349	742,0	1,5991	0,08087	741,5	1,5953	0,07840	741,0	1,5914
360	0,08799	748,1	1,6119	0,08517	747,6	1,6080	0,08251	747,1	1,6042	0,08000	746,6	1,6004
370	0,08970	753,6	1,6206	0,08683	753,1	1,6167	0,08413	752,7	1,6129	0,08158	752,2	1,6092
380	0,09139	759,1	1,6291	0,08848	758,6	1,6252	0,08573	758,2	1,6214	0,08315	757,8	1,6178
390	0,09307	764,5	1,6374	0,09011	764,1	1,6336	0,08732	763,7	1,6298	0,08470	763,3	1,6262
400	0,09473	770,0	1,6456	0,09172	769,6	1,6418	0,08890	769,2	1,6380	0,08623	768,8	1,6344
410	0,09638	775,4	1,6536	0,09333	775,1	1,6498	0,09046	774,7	1,6461	0,08776	774,3	1,6425
420	0,09802	780,8	1,6615	0,09492	780,5	1,6577	0,09201	780,1	1,6541	0,08927	779,8	1,6505
430	0,09964	786,3	1,6693	0,09651	785,9	1,6655	0,09356	785,6	1,6619	0,09077	785,3	1,6583
440	0,1013	791,7	1,6769	0,09808	791,4	1,6732	0,09509	791,0	1,6696	0,09227	790,7	1,6660
450	0,1029	797,1	1,6845	0,09965	796,8	1,6808	0,09662	796,4	1,6772	0,09376	796,1	1,6737
460	0,1045	802,5	1,6920	0,1012	802,2	1,6883	0,09814	801,9	1,6847	0,09524	801,6	1,6812
470	0,1061	807,9	1,6994	0,1028	807,6	1,6956	0,09965	807,3	1,6921	0,09671	807,0	1,6886
480	0,1077	813,3	1,7066	0,1043	813,0	1,7028	0,1012	812,8	1,6993	0,09817	812,5	1,6958
490	0,1093	818,8	1,7137	0,1058	818,5	1,7100	0,1027	818,2	1,7065	0,09963	818,0	1,7030
500	0,1108	824,2	1.7208	0,1073	823,9	1,7171	0,1041	823,7	1,7136	0,1011	823,4	1,7101
510	0,1124	829,6	1,7278	0,1088	829,4	1,7241	0,1056	829,1	1,7206	0,1025	828,9	1,7171
520	0,1140	835,0	1,7347	0,1104	834,8	1,7310	0,1071	834,6	1,7275	0,1039	834,3	1,7241
530	0,1155	840,5	1,7415	0,1119	840,3	1,7379	0,1086	840,1	1,7344	0,1054	839,8	1,7310
540	0,1171	846,0	1,7483	0,1135	845,8	1,7447	0,1101	845,6	1,7412	0,1069	845,3	1,7378
550	0,1186	851,5	1,7550	0,1150	851,3	1,7515	0,1116	851,1	1,7480	0,1083	850,8	1,7446

Tafel III. Wasser und überhitzter Dampf (Fortsetzung).

t	36 at $t_s = 243{,}04$			37 at $t_s = 244{,}62$			38 at $t_s = 246{,}17$			39 at $t_s = 247{,}69$		
	v'' 0,05658	i'' 669,5	s'' 1,4617	v'' 0,05501	i'' 669,4	s'' 1,4590	r'' 0,05353	i'' 669,3	s'' 1,4564	v'' 0,05212	i'' 669,1	s'' 1,4538
	v	i	s	v	i	s	v	i	s	v	i	s
0	0,0009984	0,9	0,0000	0,0009983	0,9	0,0001	0,0009983	0,9	0,0001	0,0009982	0,9	0,0001
10	0,0009987	10,8	0,0360	0,0009987	10,9	0,0360	0,0009986	10,9	0,0360	0,0009986	10,9	0,0360
20	0,0010003	20,8	0,0706	0,0010002	20,8	0,0706	0,0010002	20,9	0,0706	0,0010001	20,9	0,0705
30	0,0010028	30,8	0,1040	0,0010028	30,8	0,1039	0,0010027	30,8	0,1039	0,0010027	30,8	0,1039
40	0,0010063	40,7	0,1362	0,0010063	40,7	0,1362	0,0010063	40,8	0,1362	0,0010062	40,8	0,1362
50	0,0010105	50,7	0,1675	0,0010105	50,7	0,1675	0,0010104	50,7	0,1675	0,0010104	50,7	0,1675
60	0,0010154	60,6	0,1979	0,0010154	60,7	0,1979	0,0010153	60,7	0,1979	0,0010153	60,7	0,1979
70	0,0010211	70,6	0,2274	0,0010210	70,6	0,2274	0,0010210	70,7	0,2273	0,0010209	70,7	0,2273
80	0,0010273	80,6	0,2561	0,0010272	80,6	0,2561	0,0010272	80,6	0,2560	0,0010271	80,7	0,2560
90	0,0010341	90,6	0,2840	0,0010341	90,6	0,2840	0,0010340	90,7	0,2840	0,0010340	90,7	0,2840
100	0,0010416	100,7	0,3113	0,0010416	100,7	0,3113	0,0010415	100,7	0,3113	0,0010415	100,7	0,3113
110	0,0010497	110,7	0,3380	0,0010497	110,7	0,3379	0,0010496	110,7	0,3379	0,0010496	110,8	0,3379
120	0,0010585	120,8	0,3640	0,0010584	120,8	0,3640	0,0010583	120,9	0,3639	0,0010583	120,9	0,3639
130	0,0010678	131,0	0,3894	0,0010678	131,0	0,3894	0,0010677	131,0	0,3893	0,0010677	131,0	0,3893
140	0,0010779	141,2	0,4143	0,0010778	141,2	0,4143	0,0010777	141,2	0,4142	0,0010777	141,2	0,4142
150	0,0010885	151,4	0,4387	0,0010885	151,4	0,4386	0,0010884	151,4	0,4386	0,0010883	151,4	0,4386
160	0,0011000	161,6	0,4627	0,0010999	161,7	0,4626	0,0010999	161,7	0,4626	0,0010998	161,7	0,4626
170	0,0011123	172,0	0,4862	0,0011122	172,0	0,4862	0,0011121	172,0	0,4862	0,0011121	172,1	0,4861
180	0,0011254	182,5	0,5095	0,0011253	182,5	0,5095	0,0011252	182,5	0,5095	0,0011251	182,5	0,5094
190	0,0011395	193,0	0,5325	0,0011394	193,0	0,5325	0,0011393	193,1	0,5325	0,0011392	193,1	0,5324
200	0,0011546	203,7	0,5553	0,0011545	203,7	0,5552	0,0011544	203,7	0,5552	0,0011543	203,7	0,5552
210	0,0011709	214,5	0,5779	0,0011707	214,5	0,5779	0,0011706	214,5	0,5778	0,0011705	214,5	0,5778
220	0,0011885	225,4	0,6003	0,0011884	225,4	0,6003	0,0011883	225,4	0,6002	0,0011882	225,4	0,6002
230	0,0012077	236,4	0,6224	0,0012076	236,4	0,6224	0,0012075	236,4	0,6223	0,0012073	236,4	0,6223
240	0,0012288	247,7	0,6448	0,0012287	247,7	0,6447	0,0012285	247,7	0,6446	0,0012283	247.7	0,6446
250	0,05818	675,5	1,4737	0,05624	674,2	1,4684	0,05440	672,8	1,4632	0,05264	671,4	1,4581
260	0,06033	683,6	1,4889	0,05838	682,4	1,4840	0,05652	681,1	1,4792	0,05476	679,9	1,4745
270	0,06234	691,0	1,5026	0,06037	690,0	1,4980	0,05850	688,9	1,4935	0,05672	687,8	1.4890
280	0,06424	697,9	1,5151	0,06225	697,0	1,5108	0,06036	696,0	1,5066	0,05856	695,1	1,5023
290	0,06607	704,5	1,5269	0,06405	703,7	1,5228	0,06214	702,8	1,5187	0,06032	702,0	1,5146
300	0,06784	710,8	1,5381	0,06579	710,1	1,5341	0,06385	709,3	1,5301	0,06200	708,5	1,5262
310	0,06955	717,0	1,5488	0,06748	716,3	1,5448	0,06551	715,6	1,5410	0,06363	714,9	1,5372
320	0,07123	723,0	1,5590	0,06912	722,4	1,5551	0,06712	721,7	1,5514	0,06522	721,1	1,5477
330	0,07287	729,0	1,5689	0,07073	728,4	1,5651	0,06870	727,7	1,5614	0,06677	727,2	1,5578
340	0,07448	734,8	1,5784	0,07231	734,2	1,5747	0,07024	733,6	1,5711	0,06829	733,1	1,5675
350	0,07606	740,5	1,5877	0,07386	739,9	1,5840	0,07176	739,4	1,5805	0,06978	738,9	1,5770
360	0,07762	746,1	1,5967	0,07539	745,6	1,5931	0,07326	745,1	1,5896	0,07124	744,6	1,5862
370	0,07917	751,7	1,6055	0,07690	751,3	1,6020	0,07474	750,8	1,5985	0,07269	750,3	1,5951
380	0,08070	757,3	1,6142	0,07839	756,9	1,6107	0,07620	756,4	1,6072	0,07412	756,0	1,6038
390	0,08222	762,9	1,6226	0,07987	762,5	1,6191	0,07765	762,0	1,6157	0,07554	761,6	1,6124
400	0,08372	768,4	1,6309	0,08134	768,1	1,6274	0,07908	767,6	1,6241	0,07694	767,2	1,6208
410	0,08520	773,9	1,6390	0,08279	773,6	1,6356	0,08050	773,2	1,6323	0,07833	772,8	1,6290
420	0,08668	779,4	1,6470	0,08423	779,1	1,6436	0,08191	778,7	1,6403	0,07971	778,3	1,6370
430	0,08815	784,9	1,6548	0,08566	784,6	1,6515	0,08331	784,2	1,6482	0,08108	783,8	1,6449
440	0,08961	790,4	1,6626	0,08708	790,1	1,6592	0,08470	789,7	1,6559	0,08243	789,4	1,6527
450	0,09105	795,8	1,6703	0,08850	795,5	1,6669	0,08608	795,2	1,6636	0,08378	794,9	1,6604
460	0,09251	801,3	1,6778	0,08991	801,0	1,6745	0,08745	800,7	1,6712	0,08513	800,4	1,6680
470	0,09394	806,7	1,6852	0,09131	806,4	1,6819	0,08882	806,2	1,6786	0,08647	805,9	1,6755
480	0,09537	812,2	1,6925	0,09270	811,9	1,6892	0,09018	811,7	1,6860	0,08779	811,4	1,6828
490	0,09679	817,7	1,6997	0,09408	817,4	1,6964	0,09153	817,2	1,6932	0,08911	816,9	1,6901
500	0,09820	823,2	1,7068	0,09546	822,9	1,7035	0,09288	822,7	1,7003	0,09042	822,4	1,6972
510	0,09960	828,6	1,7138	0,09684	828,4	1,7105	0,09422	828,1	1,7074	0,09173	827,9	1,7043
520	0,1010	834,1	1,7208	0,09821	833,9	1,7175	0,09555	833,6	1,7144	0,09303	833,4	1,7113
530	0,1024	839,6	1,7277	0,09957	839,4	1,7244	0,09688	839,1	1,7213	0,09433	838,9	1,7182
540	0,1038	845,1	1,7345	0,1009	844,9	1,7313	0,09821	844,7	1,7281	0,09563	844,4	1,7251
550	0,1052	850,6	1,7413	0,1022	850,4	1,7381	0,09953	850,2	1,7349	0,09692	849,9	1,7319

Tafel III. Wasser und überhitzter Dampf (Fortsetzung).

t	40 at $t_s = 249{,}18$ v'' 0,05078	i'' 669,0	s'' 1,4513	41 at $t_s = 250{,}64$ v'' 0,04950	i'' 668,9	s'' 1,4488	42 at $t_s = 252{,}07$ v'' 0,04828	i'' 668,8	s'' 1,4463	43 at $t_s = 253{,}48$ v'' 0,04712	i'' 668,6	s'' 1,4439
	v	i	s	v	i	s	v	i	s	v	i	s
0	0,0009982	1,0	0,0001	0,0009981	1,0	0,0001	0,0009981	1,0	0,0001	0,0009980	1,0	0,0001
10	0,0009985	10,9	0,0360	0,0009985	11,0	0,0360	0,0009984	11,0	0,0360	0,0009984	11,0	0,0359
20	0,0010001	20,9	0,0705	0,0010000	20,9	0,0705	0,0010000	21,0	0,0705	0,0009999	21,0	0,0705
30	0,0010027	30,9	0,1039	0,0010026	30,9	0,1039	0,0010026	30,9	0,1039	0,0010025	30,9	0,1039
40	0,0010062	40,8	0,1362	0,0010061	40,8	0,1362	0,0010061	40,8	0,1362	0,0010060	40,9	0,1362
50	0,0010103	50,8	0,1675	0,0010103	50,8	0,1675	0,0010103	50,8	0,1675	0,0010102	50,8	0,1675
60	0,0010152	60,7	0,1978	0,0010152	60,7	0,1978	0,0010152	60,8	0,1978	0,0010151	60,8	0,1978
70	0,0010208	70,7	0,2273	0,0010208	70,7	0,2273	0,0010208	70,7	0,2273	0,0010207	70,7	0,2273
80	0,0010271	80,7	0,2560	0,0010271	80,7	0,2560	0,0010270	80,7	0,2559	0,0010270	80,7	0,2559
90	0,0010339	90,7	0,2840	0,0010339	90,7	0,2839	0,0010338	90,7	0,2839	0,0010338	90,7	0,2839
100	0,0010414	100,7	0,3113	0,0010414	100,7	0,3112	0,0010413	100,8	0,3112	0,0010413	100,8	0,3112
110	0,0010495	110,8	0,3379	0,0010495	110,8	0,3379	0,0010494	110,8	0,3378	0,0010494	110,8	0,3378
120	0,0010582	120,9	0,3639	0,0010582	120,9	0,3639	0,0010581	120,9	0,3639	0,0010581	120,9	0,3638
130	0,0010676	131,0	0,3893	0,0010676	131,0	0,3893	0,0010675	131,1	0,3893	0,0010675	131,1	0,3892
140	0,0010776	141,2	0,4142	0,0010776	141,2	0,4142	0,0010775	141,2	0,4141	0,0010774	141,3	0,4141
150	0,0010883	151,4	0,4386	0,0010882	151,4	0,4385	0,0010882	151,5	0,4385	0,0010881	151,5	0,4385
160	0,0010997	161,7	0,4625	0,0010997	161,7	0,4625	0,0010996	161,7	0,4625	0,0010995	161,7	0,4625
170	0,0011120	172,1	0,4861	0,0011119	172,1	0,4861	0,0011118	172,1	0,4860	0,0011117	172,1	0,4860
180	0,0011251	182,5	0,5094	0,0011250	182,5	0,5093	0,0011249	182,5	0,5093	0,0011248	182,6	0,5092
190	0,0011391	193,1	0,5324	0,0011390	193,1	0,5323	0,0011389	193,1	0,5323	0,0011388	193,1	0,5322
200	0,0011542	203,7	0,5551	0,0011541	203,7	0,5551	0,0011540	203,7	0,5550	0,0011539	203,7	0,5550
210	0,0011704	214,5	0,5777	0,0011703	214,5	0,5777	0,0011702	214,5	0,5777	0,0011701	214,5	0,5776
220	0,0011880	225,4	0,6001	0,0011889	225,4	0,6001	0,0011878	225,4	0,6000	0,0011877	225,4	0,6000
230	0,0012072	236,4	0,6222	0,0012070	236,5	0,6221	0,0012069	236,5	0,6221	0,0012068	236,5	0,6221
240	0,0012282	247,7	0,6445	0,0012280	247,8	0,6445	0,0012279	247,8	0,6444	0,0012277	247,8	0,6443
250	0,05097	669,8	1,4529	0,0012512	259,2	0,6667	0,0012510	259,2	0,6666	0,0012508	259,2	0,6665
260	0,05308	678,7	1,4697	0,05147	677,4	1,4650	0,04994	676,0	1,4603	0,04847	674,6	1,4556
270	0,05502	686,8	1,4846	0,05341	685,7	1,4802	0,05187	684,6	1,4759	0,05039	683,5	1,4715
280	0,05685	694,2	1,4981	0,05522	693,2	1,4940	0,05366	692,2	1,4899	0,05217	691,2	1,4858
290	0,05858	701,1	1,5106	0,05693	700,2	1,5067	0,05536	699,3	1,5028	0,05386	698,4	1,4989
300	0,06025	707,8	1,5224	0,05857	707,0	1,5186	0,05699	706,1	1,5148	0,05546	705,4	1,5111
310	0,06186	714,2	1,5334	0,06016	713,5	1,5298	0,05855	712,7	1,5262	0,05701	712,0	1,5226
320	0,06341	720,5	1,5440	0,06170	719,8	1,5405	0,06006	719,1	1,5369	0,05850	718,4	1,5335
330	0,06494	726,6	1,5542	0,06320	726,0	1,5507	0,06153	725,4	1,5472	0,05995	724,7	1,5439
340	0,06643	732,5	1,5640	0,06466	732,0	1,5606	0,06297	731,4	1,5572	0,06136	730,8	1,5539
350	0,06789	738,3	1,5735	0,06609	737,8	1,5702	0,06438	737,2	1,5669	0,06275	736,7	1,5636
360	0,06933	744,1	1,5828	0,06750	743,6	1,5795	0,06577	743,1	1,5762	0,06411	742,6	1,5730
370	0,07075	749,8	1,5918	0,06889	749,4	1,5885	0,06713	748,9	1,5853	0,06545	748,4	1,5821
380	0,07215	755,5	1,6005	0,07027	755,1	1,5973	0,06848	754,6	1,5941	0,06677	754,2	1,5910
390	0,07353	761,2	1,6091	0,07163	760,8	1,6059	0,06981	760,4	1,6028	0,06808	760,0	1,5997
400	0,07490	766,8	1,6175	0,07297	766,5	1,6143	0,07113	766,1	1,6113	0,06937	765,7	1,6082
410	0,07627	772,4	1,6257	0,07430	772,1	1,6226	0,07243	771,7	1,6195	0,07065	771,3	1,6165
420	0,07762	778,0	1,6338	0,07562	777,6	1,6307	0,07373	777,3	1,6277	0,07192	776,9	1,6247
430	0,07895	783,5	1,6418	0,07693	783,2	1,6387	0,07501	782,8	1,6357	0,07317	782,5	1,6327
440	0,08028	789,1	1,6496	0,07823	788,8	1,6465	0,07628	788,4	1,6435	0,07442	788,1	1,6406
450	0,08160	794,6	1,6573	0,07952	794,3	1,6543	0,07754	793,9	1,6513	0,07566	793,6	1,6484
460	0,08291	800,1	1,6649	0,08080	799,8	1,6619	0,07880	799,5	1,6589	0,07689	799,2	1,6561
470	0,08421	805,6	1,6724	0,08208	805,3	1,6694	0,08005	805,0	1,6664	0,07811	804,7	1,6636
480	0,08551	811,1	1,6798	0,08335	810,8	1,6768	0,08129	810,5	1,6738	0,07933	810,2	1,6710
490	0,08680	816,6	1,6870	0,08461	816,3	1,6840	0,08253	816,1	1,6811	0,08054	815,8	1,6783
500	0,08809	822,1	1,6942	0,08587	821,9	1,6912	0,08376	821,6	1,6883	0,08174	821,3	1,6855
510	0,08937	827,6	1,7013	0,08712	827,4	1,6983	0,08498	827,1	1,6954	0,08294	826,9	1,6926
520	0,09064	833,1	1,7083	0,08836	832,9	1,7053	0,08620	832,6	1,7025	0,08413	832,4	1,6996
530	0,09191	838,7	1,7152	0,08960	838,4	1,7122	0,08741	838,2	1,7094	0,08532	838,0	1,7066
540	0,09318	844,2	1,7221	0,09084	844,0	1,7191	0,08862	843,8	1,7163	0,08650	843,5	1,7135
550	0,09444	849,7	1,7289	0,09207	849,5	1,7259	0,08982	849,3	1,7231	0,08768	849,0	1,7204

Tafel III. Wasser und überhitzter Dampf (Fortsetzung).

t	44 at $t_s = 254{,}87$			45 at $t_s = 256{,}23$			46 at $t_s = 257{,}56$			47 at $t_t = 258{,}88$		
	v'' 0,04601	i'' 668,4	s'' 1,4415	v'' 0,04495	i'' 668,2	s'' 1,4392	v'' 0,04393	i'' 668,0	s'' 1,4369	v'' 0,04295	i'' 667,9	s'' 1,4346
	v	i	s	v	i	s	v	i	s	v	i	s
0	0,0009980	1,1	0,0001	0,0009979	1,1	0,0001	0,0009979	1,1	0,0001	0,0009978	1,1	0,0001
10	0,0009983	11,0	0,0359	0,0009983	11,1	0,0359	0,0009982	11,1	0,0359	0,0009982	11,1	0,0359
20	0,0009999	21,0	0,0705	0,0009998	21,0	0,0705	0,0009998	21,0	0,0705	0,0009998	21,1	0,0705
30	0,0010025	30,9	0,1039	0,0010024	31,0	0,1039	0,0010024	31,0	0,1039	0,0010024	31,0	0,1039
40	0,0010060	40,9	0,1361	0,0010060	40,9	0,1361	0,0010059	40,9	0,1361	0,0010059	41,0	0,1361
50	0,0010102	50,8	0,1674	0,0010101	50,9	0,1674	0,0010101	50,9	0,1674	0,0010100	50,9	0,1674
60	0,0010151	60,8	0,1978	0,0010150	60,8	0,1978	0,0010150	60,8	0,1978	0,0010149	60,9	0,1977
70	0,0010207	70,8	0,2272	0,0010206	70,8	0,2272	0,0010206	70,8	0,2272	0,0010205	70,8	0,2272
80	0,0010269	80,8	0,2559	0,0010269	80,8	0,2559	0,0010268	80,8	0,2559	0,0010268	80,8	0,2558
90	0,0010337	90,8	0,2839	0,0010337	90,8	0,2839	0,0010336	90,8	0,2838	0,0010336	90,8	0,2838
100	0,0010412	100,8	0,3112	0,0010412	100,8	0,3112	0,0010411	100,8	0,3111	0,0010411	100,8	0,3111
110	0,0010493	110,8	0,3378	0,0010493	110,9	0,3378	0,0010492	110,9	0,3378	0,0010492	110,9	0,3377
120	0,0010580	120,9	0,3638	0,0010580	121,0	0,3638	0,0010579	121,0	0,3638	0,0010579	121,0	0,3638
130	0,0010674	131,1	0,3892	0,0010673	131,1	0,3892	0,0010673	131,1	0,3892	0,0010672	131,1	0,3892
140	0,0010774	141,3	0,4141	0,0010773	141,3	0,4141	0,0010772	141,3	0,4140	0,0010772	141,3	0,4140
150	0,0010880	151,5	0,4385	0,0010880	151,5	0,4384	0,0010879	151,5	0,4384	0,0010878	151,5	0,4384
160	0,0010994	161,8	0,4624	0,0010994	161,8	0,4624	0,0010993	161,8	0,4624	0,0010993	161,8	0,4623
170	0,0011116	172,1	0,4860	0,0011116	172,1	0,4859	0,0011115	172,1	0,4859	0,0011115	172,2	0,4858
180	0,0011247	182,6	0,5092	0,0011247	182,6	0,5092	0,0011246	182,6	0,5091	0,0011245	182,6	0,5091
190	0,0011388	193,1	0,5322	0,0011387	193,1	0,5322	0,0011386	193,1	0,5321	0,0011385	193,1	0,5321
200	0,0011538	203,8	0,5549	0,0011537	203,8	0,5549	0,0011536	203,8	0,5548	0,0011535	203,8	0,5548
210	0,0011700	214,5	0,5775	0,0011699	214,5	0,5775	0,0011698	214,5	0,5775	0,0011697	214,5	0,5774
220	0,0011875	225,4	0,5999	0,0011874	225,4	0,5999	0,0011873	225,4	0,5998	0,0011872	225,5	0,5998
230	0,0012066	236,5	0,6221	0,0012065	236,5	0,6220	0,0012064	236,5	0,6219	0,0012063	236,5	0,6219
240	0,0012275	247,8	0,6443	0,0012274	247,8	0,6442	0,0012272	247,8	0,6442	0,0012271	247,8	0,6441
250	0,0012506	259,2	0,6665	0,0012504	259,2	0,6664	0,0012502	259,2	0,6664	0,0012501	259,2	0,6663
260	0,04707	673,2	1,4509	0,04572	671,8	1,4462	0,04442	670,4	1,4415	0,04318	669,0	1,4368
270	0,04898	682,3	1,4672	0,04763	681,0	1,4629	0,04633	679,8	1,4586	0,04508	678,5	1,4544
280	0,05075	690,2	1,4818	0,04939	689,1	1,4778	0,04809	688,0	1,4738	0,04683	686,9	1,4697
290	0,05242	697,5	1,4951	0,05105	696,6	1,4913	0,04973	695,6	1,4876	0,04846	694,8	1,4838
300	0,05401	704,5	1,5074	0,05262	703,8	1,5038	0,05129	702,9	1,5003	0,05001	702,1	1,4967
310	0,05553	711,3	1,5191	0,05413	710,6	1,5156	0,05278	709,8	1,5121	0,05148	709,0	1,5087
320	0,05700	717,8	1,5301	0,05558	717,1	1,5267	0,05421	716,3	1,5234	0,05290	715,7	1,5201
330	0,05843	724,1	1,5406	0,05699	723,4	1,5373	0,05560	722,7	1,5341	0,05427	722,2	1,5309
340	0,05983	730,3	1,5507	0,05836	729,6	1,5475	0,05695	729,0	1,5443	0,05561	728,5	1,5412
350	0,06119	736,3	1,5604	0,05970	735,7	1,5573	0,05827	735,1	1,5542	0,05691	734,6	1,5512
360	0,06253	742,2	1,5699	0,06102	741,6	1,5668	0,05957	741,1	1,5638	0,05819	740,6	1,5608
370	0,06385	748,0	1,5791	0,06231	747,5	1,5760	0,06084	747,0	1,5731	0,05944	746,6	1,5701
380	0,06515	753,8	1,5880	0,06359	753,3	1,5850	0,06210	752,9	1,5821	0,06067	752,4	1,5792
390	0,06643	759,6	1,5967	0,06485	759,1	1,5938	0,06334	758,7	1,5909	0,06189	758,2	1,5880
400	0,06770	765,3	1,6052	0,06609	764,8	1,6023	0,06456	764,4	1,5994	0,06309	764,0	1,5966
410	0,06895	770,9	1,6136	0,06732	770,5	1,6107	0,06577	770,1	1,6078	0,06428	769,7	1,6050
420	0,07019	776,5	1,6218	0,06854	776,1	1,6189	0,06696	775,8	1,6161	0,06545	775,4	1,6133
430	0,07142	782,2	1,6298	0,06975	781,8	1,6270	0,06814	781,4	1,6242	0,06661	781,1	1,6214
440	0,07265	787,8	1,6377	0,07095	787,4	1,6349	0,06932	787,1	1,6321	0,06777	786,7	1,6294
450	0,07386	793,3	1,6455	0,07214	793,0	1,6427	0,07049	792,7	1,6400	0,06892	792,3	1,6373
460	0,07506	798,8	1,6532	0,07332	798,5	1,6504	0,07165	798,3	1,6477	0,07006	797,9	1,6450
470	0,07626	804,4	1,6607	0,07449	804,1	1,6580	0,07280	803,8	1,6552	0,07119	803,5	1,6526
480	0,07745	810,0	1,6681	0,07566	809,7	1,6654	0,07395	809,4	1,6627	0,07231	809,1	1,6600
490	0,07864	815,6	1,6755	0,07682	815,3	1,6727	0,07509	815,0	1,6700	0,07343	814,7	1,6674
500	0,07982	821,1	1,6828	0,07798	820,8	1,6800	0,07622	820,6	1,6773	0,07454	820,3	1,6747
510	0,08099	826,6	1,6899	0,07913	826,4	1,6872	0,07735	826,1	1,6845	0,07564	825,8	1,6818
520	0,08216	832,2	1,6969	0,08027	831,9	1,6942	0,07847	831,7	1,6915	0,07674	831,4	1,6889
530	0,08332	837,7	1,7038	0,08141	837,5	1,7012	0,07959	837,3	1,6985	0,07784	837,0	1,6959
540	0,08448	843,3	1,7107	0,08255	843,1	1,7081	0,08070	842,9	1,7054	0,07893	842,6	1,7029
550	0,08563	848,8	1,7175	0,08368	848,6	1,7150	0,08181	848,4	1,7123	0,08002	848,1	1,7098

Tafel III. Wasser und überhitzter Dampf (Fortsetzung).

t	48 at $t_s = 260,17$			49 at $t_s = 261,45$			50 at $t_s = 262,70$			52 at $t_s = 265,15$		
	v'' 0,04201	i'' 667,7	s'' 1,4324	v'' 0,04111	i'' 667,5	s'' 1,4301	v'' 0,04024	i'' 667,3	s'' 1,4280	v'' 0,03860	i'' 666,8	s'' 1,4237
	v	i	s	v	i	s	v	i	s	v	i	s
0	0,0009978	1,2	0,0001	0,0009977	1,2	0,0001	0,0009977	1,2	0,0001	0,0009976	1,2	0,0001
10	0,0009982	11,1	0,0359	0,0009981	11,1	0,0359	0,0009981	11,2	0,0359	0,0009980	11,2	0,0359
20	0,0009997	21,1	0,0705	0,0009997	21,1	0,0705	0,0009997	21,1	0,0705	0,0009996	21,2	0,0705
30	0,0010023	31,0	0,1039	0,0010023	31,0	0,1039	0,0010022	31,1	0,1039	0,0010021	31,1	0,1039
40	0,0010058	41,0	0,1361	0,0010058	41,0	0,1361	0,0010057	41,0	0,1361	0,0010057	41,1	0,1361
50	0,0010100	50,9	0,1674	0,0010100	50,9	0,1674	0,0010099	51,0	0,1674	0,0010098	51,0	0,1673
60	0,0010149	60,9	0,1977	0,0010148	60,9	0,1977	0,0010148	60,9	0,1977	0,0010147	61,0	0,1977
70	0,0010205	70,8	0,2272	0,0010204	70,9	0,2272	0,0010204	70,9	0,2271	0,0010203	70,9	0,2271
80	0,0010267	80,8	0,2558	0,0010267	80,9	0,2558	0,0010266	80,9	0,2558	0,0010265	80,9	0,2558
90	0,0010335	90,8	0,2838	0,0010335	90,9	0,2838	0,0010334	90,9	0,2838	0,0010333	90,9	0,2837
100	0,0010410	100,9	0,3111	0,0010410	100,9	0,3111	0,0010409	100,9	0,3111	0,0010408	100,9	0,3110
110	0,0010491	110,9	0,3377	0,0010490	110,9	0,3377	0,0010490	111,0	0,3377	0,0010489	111,0	0,3376
120	0,0010578	121,0	0,3637	0,0010578	121,0	0,3637	0,0010577	121,1	0,3637	0,0010576	121,1	0,3636
130	0,0010672	131,2	0,3891	0,0010671	131,2	0,3891	0,0010670	131,2	0,3891	0,0010669	131,2	0,3890
140	0,0010771	141,3	0,4140	0,0010771	141,4	0,4140	0,0010770	141,4	0,4140	0,0010769	141,4	0,4139
150	0,0010878	151,6	0,4384	0,0010877	151,6	0,4384	0,0010877	151,6	0,4383	0,0010875	151,6	0,4383
160	0,0010992	161,8	0,4623	0,0010991	161,8	0,4623	0,0010990	161,8	0,4622	0,0010989	161,8	0,4622
170	0,0011114	172,2	0,4858	0,0011113	172,2	0,4857	0,0011113	172,2	0,4857	0,0011111	172,2	0,4857
180	0,0011244	182,6	0,5091	0,0011243	182,6	0,5090	0,0011243	182,6	0,5090	0,0011241	182,7	0,5089
190	0,0011384	193,2	0,5320	0,0011383	193,2	0,5320	0,0011382	193,2	0,5320	0,0011381	193,2	0,5319
200	0,0011534	203,8	0,5548	0,0011533	203,8	0,5547	0,0011532	203,8	0,5547	0,0011530	203,8	0,5546
210	0,0011696	214,6	0,5774	0,0011695	214,6	0,5773	0,0011694	214,6	0,5773	0,0011692	214,6	0,5772
220	0,0011871	225,5	0,5997	0,0011870	225,5	0,5997	0,0011868	225,5	0,5996	0,0011866	225,5	0,5995
230	0,0012061	236,5	0,6218	0,0012060	236,5	0,6218	0,0012058	236,5	0,6217	0,0012056	236,5	0,6216
240	0,0012270	247,8	0,6440	0,0012268	247,8	0,6440	0,0012266	247,8	0,6439	0,0012263	247,8	0,6438
250	0,0012499	259,2	0,6662	0,0012497	259,2	0,6662	0,0012495	259,2	0,6661	0,0012492	259,2	0,6660
260	0,0012755	271,0	0,6886	0,0012753	271,0	0,6885	0,0012751	271,0	0,6885	0,0012747	271,0	0,6883
270	0,04388	677,2	1,4501	0,04273	675,9	1,4459	0,04162	674,6	1,4416	0,03951	671,9	1,4331
280	0,04563	685,9	1,4658	0,04447	684,8	1,4619	0,04335	683,6	1,4580	0,04124	681,2	1,4502
290	0,04725	693,8	1,4801	0,04608	692,8	1,4764	0,04496	691,8	1,4728	0,04284	689,8	1,4655
300	0,04878	701,2	1,4932	0,04760	700,3	1,4897	0,04647	699,5	1,4863	0,04433	697,7	1,4794
310	0,05024	708,3	1,5054	0,04905	707,5	1,5020	0,04791	706,7	1,4987	0,04574	705,1	1,4922
320	0,05164	715,0	1,5168	0,05044	714,3	1,5136	0,04928	713,6	1,5104	0,04709	712,2	1,5042
330	0,05300	721,5	1,5277	0,05178	720,9	1,5246	0,05060	720,2	1,5216	0,04839	718,9	1,5155
340	0,05431	727,8	1,5381	0,05308	727,3	1,5351	0,05189	726,6	1,5322	0,04964	725,4	1,5263
350	0,05560	734,0	1,5482	0,05434	733,5	1,5452	0,05314	732,9	1,5423	0,05086	731,8	1,5366
360	0,05686	740,1	1,5579	0,05558	739,6	1,5549	0,05436	739,1	1,5521	0,05205	738,0	1,5465
370	0,05809	746,1	1,5672	0,05680	745,6	1,5644	0,05556	745,1	1,5616	0,05322	744,2	1,5561
380	0,05931	752,0	1,5763	0,05799	751,5	1,5735	0,05673	751,1	1,5708	0,05436	750,2	1,5654
390	0,06050	757,8	1,5852	0,05917	757,4	1,5824	0,05789	757,0	1,5797	0,05548	756,2	1,5744
400	0,06168	763,6	1,5938	0,06033	763,2	1,5911	0,05904	762,8	1,5884	0,05659	762,0	1,5832
410	0,06285	769,4	1,6023	0,06148	769,0	1,5996	0,06017	768,6	1,5969	0,05769	767,8	1,5918
420	0,06401	775,1	1,6106	0,06262	774,7	1,6079	0,06128	774,3	1,6053	0,05877	773,6	1,6002
430	0,06515	780,8	1,6187	0,06374	780,4	1,6161	0,06239	780,0	1,6135	0,05984	779,3	1,6084
440	0,06628	786,4	1,6267	0,06486	786,0	1,6242	0,06349	785,7	1,6215	0,06090	785,0	1,6165
450	0,06741	792,0	1,6346	0,06596	791,7	1,6321	0,06457	791,4	1,6294	0,06195	790,8	1,6245
460	0,06853	797,6	1,6424	0,06706	797,3	1,6398	0,06565	797,0	1,6372	0,06299	796,4	1,6323
470	0,06964	803,2	1,6500	0,06815	802,9	1,6474	0,06672	802,7	1,6449	0,06403	802,0	1,6400
480	0,07074	808,8	1,6574	0,06923	808,6	1,6549	0,06778	808,3	1,6524	0,06506	807,7	1,6475
490	0,07183	814,4	1,6648	0,07031	814,2	1,6623	0,06884	813,9	1,6598	0,06608	813,4	1,6549
500	0,07292	820,0	1,6721	0,07138	819,8	1,6696	0,06989	819,5	1,6671	0,06709	819,0	1,6623
510	0,07401	825,6	1,6793	0,07244	825,4	1,6768	0,07094	825,1	1,6743	0,06810	824,6	1,6696
520	0,07509	831,2	1,6864	0,07350	831,0	1,6839	0,07198	830,7	1,6814	0,06910	830,2	1,6767
530	0,07616	836,8	1,6934	0,07455	836,6	1,6909	0,07301	836,3	1,6884	0,07010	835,8	1,6837
540	0,07723	842,4	1,7003	0,07560	842,2	1,6979	0,07404	841,9	1,6954	0,07110	841,5	1,6907
550	0,07829	847,9	1,7072	0,07664	847,7	1,7048	0,07507	847,6	1,7024	0,07210	847,2	1,6977

Tafel III. Wasser und überhitzter Dampf (Fortsetzung).

t	54 at $t_s = 267.53$			56 at $t_s = 269{,}84$			58 at $t_s = 272{,}10$			60 at $t_s = 274{,}29$		
	v'' 0,03708	i'' 666,4	s'' 1,4196	v'' 0,03566	i'' 666,0	s'' 1,4156	v'' 0,03434	i'' 665,5	s'' 1,4116	v'' 0,03310	i'' 665,0	s'' 1,4078
	v	i	s	v	i	s	v	i	s	v	i	s
0	0,0009975	1,3	0,0001	0,0009974	1,4	0,0001	0,0009973	1,4	0,0001	0,0009972	1,4	0,0001
10	0,0009979	11,3	0,0359	0,0009978	11,3	0,0359	0,0009977	11,4	0,0359	0,0009976	11,4	0,0359
20	0,0009995	21,2	0,0705	0,0009994	21,2	0,0704	0,0009993	21,3	0,0704	0,0009992	21,3	0,0704
30	0,0010021	31,2	0,1038	0,0010021	31,2	0,1038	0,0010019	31,2	0,1038	0,0010018	31,3	0,1038
40	0,0010056	41,1	0,1361	0,0010055	41,1	0,1360	0,0010053	41,2	0,1360	0,0010053	41,2	0,1360
50	0,0010097	51,0	0,1673	0,0010097	51,1	0,1673	0,0010096	51,1	0,1673	0,0010095	51,2	0,1672
60	0,0010146	61,0	0,1976	0,0010146	61,0	0,1976	0,0010145	61,1	0,1976	0,0010144	61,1	0,1976
70	0,0010202	71,0	0,2271	0,0010201	71,0	0,2271	0,0010200	71,1	0,2270	0,0010199	71,1	0,2270
80	0,0010264	80,9	0,2557	0,0010263	81,0	0,2557	0,0010263	81,0	0,2557	0,0010262	81,1	0,2556
90	0,0010332	90,9	0,2837	0,0010331	91,0	0,2837	0,0010330	91,0	0,2836	0,0010329	91,1	0,2836
100	0,0010407	101,0	0,3110	0,0010406	101,0	0,3109	0,0010405	101,0	0,3109	0,0010404	101,1	0,3109
110	0,0010488	111,0	0,3376	0,0010487	111,1	0,3375	0,0010486	111,1	0,3375	0,0010485	111,1	0,3375
120	0,0010575	121,1	0,3636	0,0010574	121,2	0,3636	0,0010573	121,2	0,3636	0,0010572	121,2	0,3635
130	0,0010668	131,3	0,3890	0,0010667	131,3	0,3890	0,0010666	131,3	0,3889	0,0010665	131,3	0,3889
140	0,0010768	141,4	0,4139	0,0010767	141,5	0,4138	0,0010765	141,5	0,4138	0,0010764	141,5	0,4137
150	0,0010874	151,6	0,4382	0,0010873	151,7	0,4382	0,0010872	151,7	0,4381	0,0010870	151,7	0,4381
160	0,0010988	161,9	0,4621	0,0010986	161,9	0,4621	0,0010985	161,9	0,4620	0,0010984	162,0	0,4619
170	0,0011110	172,2	0,4856	0,0011108	172,3	0,4856	0,0011107	172,3	0,4855	0,0011105	172,3	0,4854
180	0,0011239	182,7	0,5088	0,0011238	182,7	0,5088	0,0011236	182,7	0,5087	0,0011235	182,8	0,5086
190	0,0011379	193,2	0,5318	0,0011377	193,2	0,5317	0,0011375	193,3	0,5316	0,0011374	193,3	0,5316
200	0,0011528	203,9	0,5545	0,0011526	203,9	0,5544	0,0011524	203,9	0,5544	0,0011522	203,9	0,5543
210	0,0011690	214,6	0,5771	0,0011687	214,6	0,5770	0,0011685	214,6	0,5769	0,0011683	214,6	0,5768
220	0,0011864	225,5	0,5994	0,0011861	225,5	0,5993	0,0011859	225,5	0,5992	0,0011857	225,5	0,5991
230	0,0012053	236,5	0,6215	0,0012050	236,5	0,6214	0,0012048	236,5	0,6213	0,0012045	236,5	0,6212
240	0,0012260	247,8	0,6437	0,0012257	247,8	0,6436	0,0012254	247,8	0,6435	0,0012251	247,8	0,6433
250	0,0012488	259,2	0,6659	0,0012484	259,2	0,6657	0,0012481	259,2	0,6656	0,0012478	259,2	0,6655
260	0,0012742	271,0	0,6882	0,0012739	270,9	0,6880	0,0012734	270,9	0,6879	0,0012729	270,9	0,6878
270	0,03754	669,0	1,4246	0,03569	666,1	1,4100	0,0013018	283,0	0,7101	0,0013014	283,0	0,7100
280	0,03927	678,8	1,4425	0,03743	676,3	1,4347	0,03571	673,8	1,4270	0,03409	671,1	1,4192
290	0,04086	687,7	1,4583	0,03902	685,6	1,4512	0,03729	683,3	1,4441	0,03567	681,0	1,4370
300	0,04234	695,9	1,4727	0,04049	694,0	1,4660	0,03875	692,0	1,4594	0,03713	690,0	1,4528
310	0,04374	703,4	1,4858	0,04187	701,8	1,4795	0,04012	700,0	1,4733	0,03848	698,3	1,4671
320	0,04506	710,7	1,4981	0,04317	709,2	1,4921	0,04141	707,6	1,4861	0,03976	706,0	1,4803
330	0,04633	717,6	1,5096	0,04442	716,2	1,5039	0,04264	714,8	1,4981	0,04097	713,4	1,4926
340	0,04756	724,1	1,5206	0,04562	722,9	1,5150	0,04382	721,6	1,5095	0,04213	720,4	1,5041
350	0,04875	730,6	1,5311	0,04679	729,5	1,5256	0,04496	728,4	1,5203	0,04325	727,1	1,5150
360	0,04991	737,0	1,5411	0,04792	735,9	1,5358	0,04607	734,8	1,5306	0,04434	733,7	1,5255
370	0,05105	743,2	1,5508	0,04903	742,2	1,5456	0,04715	741,1	1,5405	0,04540	740,1	1,5355
380	0,05216	749,2	1,5602	0,05012	748,3	1,5550	0,04821	747,3	1,5501	0,04643	746,4	1,5452
390	0,05325	755,3	1,5693	0,05118	754,4	1,5642	0,04925	753,5	1,5594	0,04744	752,6	1,5546
400	0,05433	761,2	1,5781	0,05223	760,3	1,5732	0,05027	759,5	1,5684	0,04844	758,7	1,5637
410	0,05539	767,0	1,5868	0,05326	766,2	1,5819	0,05127	765,5	1,5771	0,04942	764,7	1,5725
420	0,05644	772,8	1,5952	0,05428	772,1	1,5904	0,05226	771,4	1,5857	0,05039	770,6	1,5811
430	0,05748	778,6	1,6035	0,05529	777,9	1,5987	0,05324	777,2	1,5941	0,05134	776,5	1,5896
440	0,05851	784,4	1,6117	0,05628	783,7	1,6069	0,05421	783,0	1,6023	0,05228	782,4	1,5979
450	0,05952	790,2	1,6197	0,05727	789,5	1,6150	0,05517	788,8	1,6105	0,05321	788,2	1,6061
460	0,06053	795,8	1,6275	0,05825	795,2	1,6229	0,05612	794,6	1,6184	0,05414	793,9	1,6140
470	0,06153	801,4	1,6352	0,05922	800,8	1,6306	0,05706	800,3	1,6262	0,05505	799,7	1,6218
480	0,06253	807,1	1,6428	0,06018	806,6	1,6382	0,05800	806,0	1,6338	0,05596	805,5	1,6295
490	0,06352	812,8	1,6503	0,06114	812,3	1,6457	0,05893	811,7	1,6413	0,05696	811,2	1,6371
500	0,06450	818,5	1,6576	0,06209	818,0	1,6531	0,05985	817,4	1,6487	0,05776	816,9	1,6445
510	0,06547	824,1	1,6648	0,06303	823,6	1,6604	0,06077	823,1	1,6560	0,05865	822,6	1,6518
520	0,06644	829,8	1,6720	0,06397	829,2	1,6676	0,06168	828,8	1,6633	0,05953	828,3	1,6591
530	0,06741	835,4	1,6791	0,06491	834,9	1,6747	0,06258	834,5	1,6704	0,06040	834,0	1,6662
540	0,06837	841,0	1,6861	0,06584	840,6	1,6817	0,06348	840,2	1,6774	0,06127	839,7	1,6733
550	0,06933	846,7	1,6931	0,06677	846,3	1,6887	0,06438	845,8	1,6844	0,06215	845,4	1,6803

Tafel III. Wasser und überhitzter Dampf (Fortsetzung).

t	62 at $t_s = 276{,}43$			64 at $t_s = 278{,}51$			66 at $t_s = 280{,}55$			68 at $t_s = 282{,}54$		
	v''	i''	s''	v''	i''	s''	v''	i''	s''	v''	i''	s''
	0.03194	664,4	1,4041	0,03085	663,9	1,4004	0,02983	663,3	1,3968	0,02886	662,7	1,3932
	v	i	s	v	i	s	v	i	s	v	i	s
0	0,0009971	1,5	0,0001	0,0009970	1,5	0,0001	0,0009969	1,6	0,0001	0,0009968	1,6	0,0001
10	0,0009975	11,4	0,0359	0,0009974	11,5	0,0359	0,0009973	11,5	0,0359	0,0009972	11,6	0,0359
20	0,0009991	21,4	0,0704	0,0009990	21,4	0,0704	0,0009990	21,5	0,0704	0,0009989	21,5	0,0704
30	0,0010017	31,3	0,1038	0,0010016	31,4	0,1038	0,0010015	31,4	0,1037	0,0010015	31,5	0,1037
40	0,0010052	41,3	0,1360	0,0010051	41,3	0,1360	0,0010051	41,3	0,1360	0,0010050	41,4	0,1360
50	0,0010094	51,2	0,1672	0,0010093	51,2	0,1672	0,0010092	51,3	0,1672	0,0010091	51,3	0,1671
60	0,0010143	61,1	0,1975	0,0010142	61,2	0,1975	0,0010141	61,2	0,1975	0,0010140	61,3	0,1974
70	0,0010199	71,1	0,2270	0,0010198	71,2	0,2269	0,0010197	71,2	0,2269	0,0010196	71,2	0,2269
80	0,0010261	81,1	0,2556	0,0010260	81,1	0,2556	0,0010259	81,2	0,2555	0,0010258	81,2	0,2555
90	0,0010328	91,1	0,2835	0,0010328	91,1	0,2835	0,0010327	91,2	0,2835	0,0010326	91,2	0,2834
100	0,0010403	101,1	0,3108	0,0010402	101,1	0,3108	0,0010401	101,2	0,3107	0,0010400	101,2	0,3107
110	0,0010484	111,2	0,3374	0,0010483	111,2	0,3374	0,0010482	111,2	0,3373	0,0010481	111,3	0,3373
120	0,0010570	121,3	0,3634	0,0010569	121,3	0,3634	0,0010568	121,3	0,3633	0,0010567	121,4	0,3633
130	0,0010664	131,4	0,3888	0,0010662	131,4	0,3888	0,0010661	131,4	0,3887	0,0010660	131,5	0,3887
140	0,0010763	141,6	0,4137	0,0010762	141,6	0,4136	0,0010760	141,6	0,4136	0,0010759	141,6	0,4135
150	0,0010869	151,8	0,4380	0,0010868	151,8	0,4380	0,0010866	151,8	0,4379	0,0010865	151,8	0,4379
160	0,0010982	162,0	0,4619	0,0010981	162,0	0,4618	0,0010980	162,0	0,4618	0,0010978	162,1	0,4617
170	0,0011104	172,3	0,4853	0,0011102	172,4	0,4853	0,0011101	172,4	0,4852	0,0011099	172,4	0,4851
180	0,0011233	182,8	0,5085	0,0011231	182,8	0,5084	0,0011230	182,8	0,5084	0,0011228	182,8	0,5083
190	0,0011372	193,3	0,5315	0,0011370	193,3	0,5314	0,0011368	193,3	0,5313	0,0011367	193,4	0,5313
200	0,0011521	203,9	0,5542	0,0011519	204,0	0,5541	0,0011517	204,0	0,5540	0,0011515	204,0	0,5539
210	0,0011681	214,7	0,5767	0,0011679	214,7	0,5766	0,0011677	214,7	0,5765	0,0011675	214,7	0,5765
220	0,0011854	225,6	0,5990	0,0011852	225,6	0,5989	0,0011849	225,6	0,5988	0,0011847	225,6	0,5987
230	0,0012043	236,6	0,6211	0,0012040	236,6	0,6210	0,0012037	236,6	0,6209	0,0012035	236,6	0,6207
240	0,0012248	247,8	0,6432	0,0012245	247,8	0,6431	0,0012242	247,8	0,6430	0,0012239	247,8	0,6429
250	0,0012474	259,2	0,6654	0,0012470	259,2	0,6653	0,0012466	259,2	0,6652	0,0012463	259,2	0,6650
260	0,0012725	270,9	0,6876	0,0012721	270,9	0,6875	0,0012717	270,9	0,6874	0,0012713	270,9	0,6872
270	0,0013009	282,9	0,7098	0,0013004	282,9	0,7097	0,0012999	282,9	0,7095	0,0012994	282,9	0,7093
280	0,03256	668,4	1,4114	0,03110	665,6	1,4035	0,0013319	295,3	0,7321	0,0013313	295,3	0,7319
290	0,03415	678,7	1,4299	0,03271	676,2	1,4228	0,03134	673,7	1,4156	0,03005	671,1	1,4085
300	0,03560	687,9	1,4463	0,03416	685,8	1,4397	0,03280	683,7	1,4332	0,03151	681,5	1,4267
310	0,03695	696,4	1,4610	0,03550	694,6	1,4549	0,03413	692,7	1,4489	0,03284	690,8	1,4428
320	0,03821	704,4	1,4745	0,03675	702,8	1,4688	0,03537	701,1	1,4631	0,03408	699,4	1,4575
330	0,03941	712,0	1,4870	0,03794	710,5	1,4816	0,03655	709,0	1,4762	0,03524	707,4	1,4709
340	0,04055	719,1	1,4988	0,03907	717,8	1,4936	0,03767	716,5	1,4884	0,03635	715,1	1,4834
350	0,04165	726,0	1,5099	0,04015	724,8	1,5049	0,03873	723,6	1,5000	0,03740	722,4	1,4951
360	0,04272	732,6	1,5205	0,04120	731,5	1,5157	0,03976	730,4	1,5109	0,03842	729,3	1,5062
370	0,04376	739,1	1,5307	0,04222	738,1	1,5260	0,04076	737,1	1,5213	0,03940	736,0	1,5167
380	0,04477	745,5	1,5405	0,04321	744,5	1,5359	0,04174	743,6	1,5313	0,04035	742,5	1,5268
390	0,04576	751,7	1,5500	0,04417	750,8	1,5454	0,04269	749,8	1,5410	0,04128	748,9	1,5366
400	0,04673	757,8	1,5591	0,04512	756,9	1,5547	0,04362	756,1	1,5503	0,04219	755,2	1,5460
410	0,04769	763,9	1,5680	0,04606	763,0	1,5637	0,04453	762,2	1,5594	0,04309	761,5	1,5552
420	0,04863	769,9	1,5767	0,04698	769,1	1,5724	0,04543	768,3	1,5682	0,04397	767,6	1,5641
430	0,04956	775,8	1,5852	0,04788	775,0	1,5810	0,04631	774,3	1,5768	0,04483	773,6	1,5727
440	0,05047	781,7	1,5936	0,04878	781,0	1,5894	0,04718	780,3	1,5852	0,04569	779,6	1,5812
450	0,05138	787,5	1,6018	0,04966	786,9	1,5976	0,04805	786,2	1,5935	0,04653	785,5	1,5896
460	0,05228	793,3	1,6098	0,05054	792,7	1,6056	0,04890	792,1	1,6016	0,04736	791,4	1,5977
470	0,05317	799,1	1,6176	0,05141	798,5	1,6135	0,04975	797,9	1,6095	0,04819	797,3	1,6056
480	0,05405	804,9	1,6253	0,05227	804,3	1,6213	0,05059	803,8	1,6173	0,04900	803,2	1,6134
490	0,05493	810,6	1,6329	0,05312	810,1	1,6289	0,05142	809,6	1,6249	0,04981	809,0	1,6211
500	0,05580	816,4	1,6404	0,05396	815,9	1,6364	0,05224	815,4	1,6325	0,05062	814,8	1,6287
510	0,05666	822,1	1,6478	0,05480	821,7	1,6438	0,05306	821,2	1,6399	0,05142	820,6	1,6362
520	0,05752	827,8	1,6550	0,05564	827,4	1,6511	0,05387	826,9	1,6472	0,05221	826,4	1,6435
530	0,05837	833,5	1,6622	0,05647	833,1	1,6583	0,05468	832,6	1,6544	0,05300	832,2	1,6507
540	0,05922	839,3	1,6693	0,05730	838,8	1,6654	0,05548	838,4	1,6616	0,05378	838,0	1,6578
550	0,06007	845,0	1,6763	0,05812	844,6	1,6724	0,05629	844,1	1,6687	0,05456	843,7	1,6649

Tafel III. Wasser und überhitzter Dampf (Fortsetzung).

t	70 at $t_s = 284{,}48$			72 at $t_s = 286{,}39$			74 at $t_s = 288{,}25$			76 at $t_s = 290{,}08$		
	v'' 0,02795	i'' 662,1	s'' 1,3897	v'' 0,02708	i'' 661,4	s'' 1,3863	v'' 0,02626	i'' 660,8	s'' 1,3829	v'' 0,02549	i'' 660,2	s'' 1,3796
	v	i	s	v	i	s	v	i	s	v	i	s
0	0,0009967	1,7	0,0001	0,0009966	1,7	0,0001	0,0009965	1,8	0,0001	0,0009964	1,8	0,0001
10	0,0009972	11,6	0,0358	0,0009971	11,7	0,0358	0,0009970	11,7	0,0358	0,0009969	11,8	0,0358
20	0,0009988	21,6	0,0704	0,0009987	21,6	0,0703	0,0009986	21,7	0,0703	0,0009985	21,7	0,0703
30	0,0010014	31,5	0,1037	0,0010013	31,5	0,1037	0,0010012	31,6	0,1037	0,0010011	31,6	0,1037
40	0,0010049	41,4	0,1359	0,0010048	41,5	0,1359	0,0010047	41,5	0,1359	0,0010046	41,5	0,1359
50	0,0010090	51,4	0,1671	0,0010090	51,4	0,1671	0,0010089	51,4	0,1671	0,0010088	51,5	0,1670
60	0,0010139	61,3	0,1974	0,0010138	61,3	0,1974	0,0010137	61,4	0,1974	0,0010137	61,4	0,1973
70	0,0010195	71,3	0,2268	0,0010194	71,3	0,2268	0,0010193	71,3	0,2268	0,0010192	71,4	0,2267
80	0,0010257	81,2	0,2555	0,0010256	81,3	0,2554	0,0010255	81,3	0,2554	0,0010254	81,4	0,2554
90	0,0010325	91,2	0,2834	0,0010324	91,3	0,2834	0,0010323	91,3	0,2833	0,0010322	91,4	0,2833
100	0,0010399	101,2	0,3107	0,0010398	101,3	0,3106	0,0010397	101,3	0,3106	0,0010396	101,4	0,3105
110	0,0010480	111,3	0,3373	0,0010479	111,3	0,3372	0,0010478	111,4	0,3372	0,0010477	111,4	0,3371
120	0,0010566	121,4	0,3633	0,0010565	121,4	0,3632	0,0010564	121,5	0,3632	0,0010563	121,5	0,3631
130	0,0010659	131,5	0,3887	0,0010658	131,5	0,3886	0,0010657	131,6	0,3886	0,0010656	131,6	0,3885
140	0,0010758	141,7	0,4135	0,0010757	141,7	0,4134	0,0010756	141,7	0,4134	0,0010754	141,8	0,4134
150	0,0010864	151,9	0,4378	0,0010863	151,9	0,4378	0,0010861	151,9	0,4377	0,0010860	152,0	0,4377
160	0,0010977	162,1	0,4617	0,0010975	162,1	0,4616	0,0010974	162,2	0,4616	0,0010973	162,2	0,4615
170	0,0011098	172,4	0,4851	0,0011097	172,5	0,4850	0,0011095	172,5	0,4849	0,0011094	172,5	0,4849
180	0,0011226	182,9	0,5082	0,0011225	182,9	0,5082	0,0011223	182,9	0,5081	0,0011222	182,9	0,5080
190	0,0011365	193,4	0,5312	0,0011363	193,4	0,5311	0,0011361	193,4	0,5310	0,0011360	193,4	0,5310
200	0,0011513	204,0	0,5539	0,0011511	204,0	0,5538	0,0011509	204,0	0,5537	0,0011507	204,1	0,5536
210	0,0011673	214,7	0,5764	0,0011671	214,8	0,5763	0,0011668	214,8	0,5762	0,0011666	214,8	0,5761
220	0,0011845	225,6	0,5986	0,0011843	225,6	0,5985	0,0011840	225,6	0,5984	0,0011838	225,6	0,5983
230	0,0012032	236,6	0,6206	0,0012029	236,6	0,6205	0,0012027	236,6	0,6204	0,0012024	236,6	0,6203
240	0,0012236	247,8	0,6428	0,0012233	247,8	0,6427	0,0012230	247,8	0,6426	0,0012227	247,8	0,6425
250	0,0012460	259,2	0,6649	0,0012456	259,2	0,6648	0,0012453	259,2	0,6647	0,0012449	259,2	0,6646
260	0,0012709	270,9	0,6871	0,0012705	270,9	0,6869	0,0012701	270,9	0,6868	0,0012697	270,9	0,6867
270	0,0012989	282,9	0,7092	0,0012984	282,9	0,7090	0,0012980	282,8	0,7089	0,0012975	282,8	0,7087
280	0,0013308	295,2	0,7317	0,0013302	295,2	0,7315	0,0013296	295,2	0,7313	0,0013290	295,1	0,7312
290	0,02882	668,5	1,4013	0,02765	665,7	1,3941	0,02654	662,9	1,3868	0,0013654	308,0	0,7542
300	0,03029	679,2	1,4202	0,02912	676,8	1,4137	0,02802	674,4	1,4071	0,02696	671,9	1,4005
310	0,03162	688,8	1,4369	0,03046	686,8	1,4309	0,02936	684,8	1,4249	0,02830	682,6	1,4189
320	0,03285	697,7	1,4519	0,03169	695,9	1,4463	0,03058	694,0	1,4408	0,02952	692,2	1,4352
330	0,03401	705,9	1,4656	0,03284	704,3	1,4604	0,03172	702,6	1,4552	0,03065	701,0	1,4500
340	0,03510	713,6	1,4783	0,03392	712,2	1,4734	0,03280	710,7	1,4685	0,03171	709,3	1,4636
350	0,03614	721,0	1,4902	0,03495	719,8	1,4855	0,03382	718,4	1,4808	0,03273	717,1	1,4762
360	0,03714	728,1	1,5015	0,03594	726,9	1,4970	0,03480	725,7	1,4925	0,03371	724,5	1,4880
370	0,03811	734,9	1,5122	0,03689	733,8	1,5079	0,03574	732,7	1,5035	0,03464	731,6	1,4992
380	0,03905	741,5	1,5225	0,03781	740,5	1,5182	0,03664	739,5	1,5140	0,03554	738,5	1,5098
390	0,03996	748,0	1,5324	0,03871	747,0	1,5282	0,03752	746,1	1,5240	0,03641	745,2	1,5200
400	0,04086	754,4	1,5419	0,03959	753,5	1,5378	0,03838	752,6	1,5337	0,03725	751,7	1,5298
410	0,04173	760,6	1,5511	0,04045	759,8	1,5471	0,03923	759,0	1,5431	0,03808	758,2	1,5392
420	0,04259	766,8	1,5600	0,04129	766,1	1,5561	0,04006	765,3	1,5522	0,03889	764,5	1,5484
430	0,04344	772,9	1,5687	0,04212	772,2	1,5649	0,04087	771,4	1,5611	0,03969	770,7	1,5573
440	0,04427	778,9	1,5773	0,04294	778,2	1,5734	0,04167	777,5	1,5697	0,04047	776,8	1,5660
450	0,04508	784,9	1,5857	0,04374	784,2	1,5818	0,04246	783,5	1,5782	0,04125	782,9	1,5745
460	0,04591	790,8	1,5938	0,04454	790,2	1,5901	0,04324	789,5	1,5864	0,04201	788,9	1,5828
470	0,04672	796,7	1,6018	0,04533	796,1	1,5981	0,04401	795,5	1,5945	0,04276	794,9	1,5910
480	0,04751	802,6	1,6097	0,04611	802,0	1,6060	0,04477	801,4	1,6024	0,04351	800,8	1,5989
490	0,04830	808,4	1,6174	0,04688	807,9	1,6137	0,04553	807,3	1,6102	0,04425	806,8	1,6067
500	0,04909	814,3	1,6250	0,04764	813,8	1,6213	0,04628	813,2	1,6178	0,04498	812,7	1,6144
510	0,04987	820,1	1,6325	0,04840	819,6	1,6288	0,04702	819,1	1,6253	0,04571	818,6	1,6219
520	0,05064	825,9	1,6398	0,04916	825,4	1,6362	0,04775	825,0	1,6328	0,04643	824,4	1,6294
530	0,05141	831,6	1,6470	0,04991	831,2	1,6435	0,04848	830,8	1,6401	0,04714	830,3	1,6367
540	0,05217	837,4	1,6542	0,05065	837,0	1,6507	0,04921	836,6	1,6473	0,04785	836,1	1,6439
550	0,05293	843,2	1,6613	0,05139	842,8	1,6578	0,04994	842,4	1,6545	0,04856	841,9	1,6511

Tafel III. Wasser und überhitzter Dampf (Fortsetzung).

t	78 at $t_s = 291{,}86$			80 at $t_s = 293{,}62$			82 at $t_s = 295{,}34$			84 at $t_s = 297{,}03$		
	v'' 0,02475	i'' 659,5	s'' 1,3764	v'' 0,02404	i'' 658,9	s'' 1,3731	v'' 0,02337	i'' 658,2	s'' 1,3700	v'' 0,02272	i'' 657,4	s'' 1,3669
	v	i	s	v	i	s	v	i	s	v	i	s
0	0,0009963	1,9	0,0001	0,0009962	1,9	0,0001	0,0009961	2,0	0,0001	0,0009960	2,0	0,0001
10	0,0009968	11,8	0,0358	0,0009967	11,9	0,0358	0,0009966	11,9	0,0358	0,0009965	11,9	0,0358
20	0,0009984	21,7	0,0703	0,0009983	21,8	0,0703	0,0009983	21,8	0,0703	0,0009982	21,9	0,0703
30	0,0010010	31,7	0,1037	0,0010009	31,7	0,1036	0,0010009	31,8	0,1036	0,0010008	31,8	0,1036
40	0,0010045	41,6	0,1359	0,0010045	41,6	0,1359	0,0010044	41,7	0,1358	0,0010043	41,7	0,1358
50	0,0010087	51,5	0,1670	0,0010086	51,6	0,1670	0,0010085	51,6	0,1670	0,0010084	51,6	0,1669
60	0,0010136	61,5	0,1973	0,0010135	61,5	0,1973	0,0010134	61,5	0,1973	0,0010133	61,6	0,1972
70	0,0010191	71,4	0,2267	0,0010190	71,5	0,2267	0,0010189	71,5	0,2267	0,0010188	71,5	0,2266
80	0,0010253	81,4	0,2553	0,0010252	81,4	0,2553	0,0010251	81,5	0,2553	0,0010251	81,5	0,2552
90	0,0010321	91,4	0,2833	0,0010320	91,4	0,2832	0,0010319	91,5	0,2832	0,0010318	91,5	0,2832
100	0,0010395	101,4	0,3105	0,0010394	101,4	0,3105	0,0010393	101,5	0,3104	0,0010392	101,5	0,3104
110	0,0010476	111,4	0,3371	0,0010475	111,5	0,3371	0,0010474	111,5	0,3370	0,0010473	111,5	0,3370
120	0,0010562	121,5	0,3631	0,0010561	121,6	0,3631	0,0010560	121,6	0,3630	0,0010559	121,6	0,3630
130	0,0010655	131,6	0,3885	0,0010653	131,7	0,3884	0,0010652	131,7	0,3884	0,0010651	131,7	0,3884
140	0,0010753	141,8	0,4133	0,0010752	141,8	0,4133	0,0010751	141,9	0,4132	0,0010750	141,9	0,4132
150	0,0010859	152,0	0,4376	0,0010858	152,0	0,4376	0,0010856	152,1	0,4375	0,0010855	152,1	0,4375
160	0,0010972	162,2	0,4614	0,0010970	162,2	0,4614	0,0010969	162,3	0,4613	0,0010967	162,3	0,4613
170	0,0011092	172,5	0,4848	0,0011091	172,6	0,4848	0,0011089	172,6	0,4847	0,0011088	172,6	0,4847
180	0,0011220	183,0	0,5080	0,0011219	183,0	0,5079	0,0011217	183,0	0,5078	0,0011216	183,0	0,5078
190	0,0011358	193,5	0,5309	0,0011356	193,5	0,5308	0,0011355	193,5	0,5307	0,0011353	193,5	0,5307
200	0,0011506	204,1	0,5536	0,0011504	204,1	0,5535	0,0011502	204,1	0,5534	0,0011500	204,1	0,5533
210	0,0011664	214,8	0,5760	0,0011662	214,8	0,5759	0,0011660	214,8	0,5759	0,0011658	214,8	0,5758
220	0,0011836	225,7	0,5983	0,0011833	225,7	0,5982	0,0011831	225,7	0,5981	0,0011829	225,7	0,5980
230	0,0012022	236,6	0,6202	0,0012019	236,6	0,6202	0,0012016	236,7	0,6200	0,0012014	236,7	0,6199
240	0,0012224	247,8	0,6424	0,0012221	247,8	0,6423	0,0012218	247,9	0,6421	0,0012215	247,9	0,6420
250	0,0012446	259,2	0,6645	0,0012443	259,2	0,6643	0,0012439	259,2	0,6642	0,0012435	259,2	0,6641
260	0,0012693	270,9	0,6866	0,0012689	270,9	0,6864	0,0012685	270,9	0,6863	0,0012681	270,9	0,6862
270	0,0012970	282,8	0,7086	0,0012965	282,9	0,7085	0,0012960	282,8	0,7083	0,0012956	282,8	0,7082
280	0,0013284	295,1	0,7310	0,0013279	295,1	0,7308	0,0013273	295,1	0,7307	0,0013267	295,1	0,7305
290	0,0013647	308,0	0,7540	0,0013640	307,9	0,7538	0,0013633	307,9	0,7536	0,0013626	307,8	0,7534
300	0,02597	669,4	1,3939	0,02502	666,8	1,3872	0,02409	664,1	1,3805	0,02320	661,3	1,3737
310	0,02730	680,4	1,4128	0,02634	678,1	1,4069	0,02543	675,7	1,4008	0,02456	673,4	1,3948
320	0,02851	690,3	1,4297	0,02755	688,3	1,4242	0,02664	686,3	1,4186	0,02576	684,2	1,4131
330	0,02965	699,3	1,4449	0,02868	697,6	1,4397	0,02776	695,8	1,4346	0,02687	694,0	1,4295
340	0,03071	707,8	1,4587	0,02974	706,2	1,4539	0,02881	704,7	1,4491	0,02792	703,1	1,4444
350	0,03172	715,7	1,4716	0,03074	714,3	1,4670	0,02981	713,0	1,4625	0,02893	711,6	1,4580
360	0,03268	723,3	1,4836	0,03170	722,0	1,4792	0,03077	720,8	1,4749	0,02988	719,5	1,4707
370	0,03360	730,5	1,4949	0,03261	729,3	1,4907	0,03167	728,2	1,4866	0,03077	727,0	1,4825
380	0,03448	737,5	1,5057	0,03348	736,4	1,5016	0,03253	735,3	1,4977	0,03162	734,2	1,4937
390	0,03534	744,2	1,5160	0,03433	743,3	1,5121	0,03336	742,3	1,5082	0,03244	741,3	1,5044
400	0,03617	750,8	1,5259	0,03515	750,0	1,5221	0,03417	749,1	1,5183	0,03324	748,1	1,5146
410	0,03699	757,3	1,5354	0,03595	756,5	1,5317	0,03496	755,7	1,5280	0,03402	754,8	1,5244
420	0,03778	763,7	1,5446	0,03673	762,9	1,5410	0,03573	762,1	1,5374	0,03478	761,3	1,5339
430	0,03857	770,0	1,5536	0,03750	769,2	1,5500	0,03649	768,4	1,5465	0,03552	767,7	1,5430
440	0,03934	776,1	1,5624	0,03826	775,4	1,5588	0,03723	774,7	1,5553	0,03625	774,0	1,5519
450	0,04010	782,2	1,5710	0,03900	781,6	1,5675	0,03796	780,9	1,5640	0,03697	780,2	1,5607
460	0,04084	788,2	1,5794	0,03973	787,6	1,5759	0,03868	786,9	1,5725	0,03767	786,3	1,5692
470	0,04158	794,3	1,5875	0,04046	793,7	1,5841	0,03939	793,1	1,5807	0,03837	792,4	1,5775
480	0,04231	800,3	1,5954	0,04117	799,7	1,5921	0,04009	799,1	1,5888	0,03906	798,5	1,5855
490	0,04303	806,2	1,6033	0,04188	805,7	1,6000	0,04078	805,1	1,5967	0,03974	804,5	1,5935
500	0,04375	812,2	1,6110	0,04258	811,6	1,6077	0,04147	811,1	1,6045	0,04041	810,6	1,6013
510	0,04446	818,1	1,6185	0,04328	817,5	1,6153	0,04216	817,0	1,6121	0,04108	816,5	1,6090
520	0,04517	824,0	1,6228	0,04397	823,4	1,6228	0,04283	822,9	1,6196	0,04174	822,4	1,6165
530	0,04587	829,8	1,6334	0,04465	829,3	1,6302	0,04350	828,9	1,6270	0,04240	828,3	1,6239
540	0,04656	835,6	1,6406	0,04533	835,2	1,6374	0,04416	834,8	1,6343	0,04305	834,3	1,6312
550	0,04725	841,4	1,6478	0,04601	841,0	1,6446	0,04483	840,6	1,6415	0,04370	840,2	1,6385

Tafel III. Wasser und überhitzter Dampf (Fortsetzung).

t	86 at $t_s = 298{,}69$			88 at $t_s = 300{,}32$			90 at $t_s = 301{,}92$			92 at $t_s = 303{,}49$		
	v'' 0,02211	i'' 656,6	s'' 1,3638	v'' 0,02152	i'' 655,9	s'' 1,3607	v'' 0,02096	i'' 655,1	s'' 1,3576	v'' 0,02042	i'' 654,4	s'' 1,3545
	v	i	s	v	i	s	v	i	s	v	i	s
0	0,0009959	2,1	0,0001	0,0009958	2,1	0,0001	0,0009957	2,2	0,0001	0,0009956	2,2	0,0001
10	0,0009964	12,0	0,0358	0,0009963	12,0	0,0358	0,0009962	12,1	0,0358	0,0009961	12,1	0,0358
20	0,0009981	21,9	0,0703	0,0009980	22,0	0,0703	0,0009979	22,0	0,0702	0,0009978	22,0	0,0702
30	0,0010007	31,8	0,1036	0,0010006	31,9	0,1036	0,0010005	31,9	0,1036	0,0010004	32,0	0,1036
40	0,0010042	41,8	0,1358	0,0010041	41,8	0,1357	0,0010040	41,8	0,1357	0,0010039	41,9	0,1357
50	0,0010084	51,7	0,1669	0,0010083	51,7	0,1669	0,0010082	51,8	0,1668	0,0010081	51,8	0,1668
60	0,0010132	61,6	0,1972	0,0010131	61,7	0,1972	0,0010130	61,7	0,1971	0,0010130	61,7	0,1971
70	0,0010187	71,6	0,2266	0,0010187	71,6	0,2266	0,0010186	71,7	0,2265	0,0010185	71,7	0,2265
80	0,0010250	81,5	0,2552	0,0010249	81,6	0,2552	0,0010248	81,6	0,2551	0,0010247	81,7	0,2551
90	0,0010317	91,5	0,2831	0,0010316	91,6	0,2831	0,0010315	91,6	0,2831	0,0010314	91,6	0,2830
100	0,0010391	101,5	0,3103	0,0010390	101,6	0,3103	0,0010389	101,6	0,3103	0,0010388	101,6	0,3102
110	0,0010472	111,6	0,3369	0,0010471	111,6	0,3369	0,0010470	111,7	0,3369	0,0010469	111,7	0,3368
120	0,0010558	121,7	0,3629	0,0010557	121,7	0,3629	0,0010556	121,7	0,3628	0,0010555	121,8	0,3628
130	0,0010650	131,8	0,3883	0,0010649	131,8	0,3883	0,0010648	131,8	0,3882	0,0010647	131,9	0,3882
140	0,0010749	141,9	0,4131	0,0010747	142,0	0,4131	0,0010746	142,0	0,4130	0,0010745	142,0	0,4130
150	0,0010854	152,1	0,4374	0,0010852	152,1	0,4374	0,0010851	152,2	0,4373	0,0010850	152,2	0,4373
160	0,0010966	162,3	0,4612	0,0010965	162,3	0,4612	0,0010963	162,4	0,4611	0,0010962	162,4	0,4610
170	0,0011086	172,6	0,4846	0,0011085	172,7	0,4845	0,0011083	172,7	0,4844	0,0011082	172,7	0,4844
180	0,0011214	183,1	0,5077	0,0011212	183,1	0,5076	0,0011211	183,1	0,5075	0,0011209	183,1	0,5075
190	0,0011351	193,6	0,5306	0,0011349	193,6	0,5305	0,0011348	193,6	0,5305	0,0011346	193,6	0,5304
200	0,0011498	204,2	0,5532	0,0011496	204,2	0,5532	0,0011494	204,2	0,5532	0,0011492	204,2	0,5530
210	0,0011656	214,9	0,5757	0,0011654	214,9	0,5756	0,0011652	214,9	0,5755	0,0011650	214,9	0,5754
220	0,0011826	225,7	0,5979	0,0011824	225,7	0,5978	0,0011822	225,7	0,5977	0,0011819	225,8	0,5976
230	0,0012011	236,7	0,6198	0,0012008	236,7	0,6197	0,0012006	236,7	0,6196	0,0012003	236,7	0,6195
240	0,0012212	247,9	0,6419	0,0012209	247,9	0,6418	0,0012206	247,9	0,6417	0,0012203	247,9	0,6416
250	0,0012432	259,3	0,6640	0,0012429	259,3	0,6639	0,0012425	259,3	0,6638	0,0012422	259,3	0,6637
260	0,0012677	270,9	0,6860	0,0012673	270,9	0,6859	0,0012669	270,9	0,6858	0,0012665	270,9	0,6857
270	0,0012951	282,8	0,7080	0,0012946	282,7	0,7079	0,0012942	282,7	0,7078	0,0012937	282,7	0,7076
280	0,0013262	295,1	0,7303	0,0013256	295,0	0,7302	0,0013250	295,0	0,7300	0,0013245	294,9	0,7299
290	0,0013619	307,8	0,7532	0,0013611	307,8	0,7530	0,0013604	307,7	0,7528	0,0013597	307,6	0,7527
300	0,02232	658,3	1,3669	0,0014033	321,0	0,7765	0,0014024	320,9	0,7762	0,0014015	320,9	0,7760
310	0,02372	670,9	1,3886	0,02291	668,4	1,3825	0,02211	665,9	1,3763	0,02135	663,2	1,3701
320	0,02492	682,1	1,4076	0,02411	680,0	1,4021	0,02334	677,7	1,3965	0,02260	675,5	1,3909
330	0,02603	692,2	1,4244	0,02522	690,3	1,4193	0,02446	688,5	1,4143	0,02372	686,5	1,4092
340	0,02707	701,5	1,4396	0,02627	699,8	1,4349	0,02556	698,1	1,4302	0,02476	696,4	1,4255
350	0,02807	710,1	1,4536	0,02727	708,6	1,4491	0,02650	707,1	1,4447	0,02575	705,6	1,4403
360	0,02902	718,2	1,4664	0,02820	716,9	1,4622	0,02742	715,5	1,4580	0,02667	714,2	1,4539
370	0,02991	725,8	1,4785	0,02908	724,6	1,4775	0,02830	723,4	1,4705	0,02754	722,2	1,4665
380	0,03075	733,1	1,4898	0,02992	732,0	1,4860	0,02913	730,9	1,4822	0,02837	729,8	1,4784
390	0,03156	740,2	1,5006	0,03072	739,2	1,4969	0,02992	738,2	1,4932	0,02915	737,2	1,4896
400	0,03235	747,1	1,5109	0,03150	746,2	1,5073	0,03069	745,3	1,5037	0,02991	744,4	1,5002
410	0,03312	753,9	1,5208	0,03226	753,0	1,5173	0,03144	752,1	1,5138	0,03065	751,3	1,5104
420	0,03386	760,5	1,5304	0,03300	759,6	1,5269	0,03216	758,8	1,5235	0,03137	758,0	1,5202
430	0,03459	766,9	1,5396	0,03372	766,1	1,5362	0,03287	765,3	1,5329	0,03207	764,6	1,5297
440	0,03531	773,2	1,5486	0,03442	772,5	1,5453	0,03357	771,8	1,5420	0,03276	771,1	1,5389
450	0,03602	779,5	1,5574	0,03512	778,8	1,5541	0,03425	778,1	1,5509	0,03343	777,5	1,5478
460	0,03671	785,7	1,5659	0,03580	785,0	1,5627	0,03492	784,4	1,5596	0,03409	783,8	1,5565
470	0,03740	791,8	1,5742	0,03647	791,2	1,5711	0,03558	790,6	1,5680	0,03474	790,0	1,5650
480	0,03807	797,9	1,5823	0,03714	797,4	1,5793	0,03624	796,8	1,5762	0,03538	796,2	1,5732
490	0,03874	804,0	1,5903	0,03779	803,4	1,5873	0,03688	802,9	1,5842	0,03601	802,3	1,5813
500	0,03940	810,0	1,5982	0,03844	809,4	1,5952	0,03752	808,9	1,5921	0,03664	808,4	1,5892
510	0,04006	816,0	1,6059	0,03908	815,4	1,6029	0,03815	814,9	1,5999	0,03726	816,4	1,5970
520	0,04071	822,0	1,6134	0,03972	821,4	1,6104	0,03878	820,9	1,6075	0,03788	820,4	1,6046
530	0,04136	827,9	1,6208	0,04035	827,4	1,6179	0,03940	826,9	1,6150	0,03849	826,4	1,6121
540	0,04200	833,8	1,6282	0,04098	833,4	1,6253	0,04001	832,9	1,6224	0,03909	832,5	1,6195
550	0,04263	839,8	1,6355	0,04160	839,4	1,6327	0,04062	838,9	1,6298	0,03969	838,5	1,6269

Tafel III. Wasser und überhitzter Dampf (Fortsetzung).

t	94 at $t_s = 305{,}04$			96 at $t_s = 306{,}56$			98 at $t_s = 308{,}06$			100 at $t_s = 309{,}53$		
	v'' 0,01990	i'' 653,6	s'' 1,3515	v'' 0,01940	i'' 652,8	s'' 1,3485	v'' 0,01891	i'' 652,0	s'' 1,3455	v'' 0,01845	i'' 651,1	s'' 1,3424
	v	i	s	v	i	s	v	i	s	v	i	s
0	0,0009955	2,2	0,0001	0,0009954	2,3	0,0001	0,0009953	2,3	0,0001	0,0009952	2,4	0,0001
10	0,0009961	12,2	0,0358	0,0009960	12,2	0,0358	0,0009959	12,3	0,0358	0,0009958	12,3	0,0358
20	0,0009977	22,1	0,0702	0,0009976	22,1	0,0702	0,0009976	22,2	0,0702	0,0009975	22,2	0,0702
30	0,0010003	32,0	0,1035	0,0010003	32,1	0,1035	0,0010002	32,1	0,1035	0,0010001	32,1	0,1035
40	0,0010038	41,9	0,1357	0,0010038	42,0	0,1357	0,0010037	42,0	0,1356	0,0010036	42,1	0,1356
50	0,0010080	51,8	0,1668	0,0010079	51,9	0,1668	0,0010078	51,9	0,1668	0,0010077	52,0	0,1667
60	0,0010129	61,8	0,1971	0,0010128	61,8	0,1971	0,0010127	61,9	0,1970	0,0010126	61,9	0,1970
70	0,0010184	71,7	0,2265	0,0010183	71,8	0,2264	0,0010182	71,8	0,2264	0,0010181	71,8	0,2264
80	0,0010246	81,7	0,2551	0,0010245	81,7	0,2550	0,0010244	81,8	0,2550	0,0010243	81,8	0,2550
90	0,0010314	91,7	0,2830	0,0010313	91,7	0,2829	0,0010312	91,8	0,2829	0,0010311	91,8	0,2829
100	0,0010387	101,7	0,3102	0,0010386	101,7	0,3102	0,0010385	101,8	0,3101	0,0010384	101,8	0,3101
110	0,0010467	111,7	0,3368	0,0010466	111,8	0,3368	0,0010465	111,8	0,3367	0,0010464	111,8	0,3367
120	0,0010553	121,8	0,3628	0,0010552	121,8	0,3627	0,0010551	121,9	0,3627	0,0010550	121,9	0,3626
130	0,0010646	131,9	0,3881	0,0010644	131,9	0,3881	0,0010643	132,0	0,3881	0,0010642	132,0	0,3880
140	0,0010744	142,1	0,4130	0,0010743	142,1	0,4129	0,0010741	142,1	0,4129	0,0010740	142,1	0,4128
150	0,0010849	152,2	0,4372	0,0010848	152,3	0,4372	0,0010846	152,3	0,4371	0,0010845	152,3	0,4371
160	0,0010961	162,4	0,4610	0,0010959	162,5	0,4609	0,0010958	162,5	0,4609	0,0010957	162,5	0,4608
170	0,0011080	172,8	0,4843	0,0011079	172,8	0,4843	0,0011078	172,8	0,4843	0,0011076	172,8	0,4841
180	0,0011208	183,1	0,5074	0,0011206	183,2	0,5073	0,0011205	183,2	0,5073	0,0011203	183,2	0,5072
190	0,0011344	193,6	0,5303	0,0011343	193,7	0,5302	0,0011341	193,7	0,5302	0,0011339	193,7	0,5301
200	0,0011490	204,2	0,5529	0,0011489	204,3	0,5529	0,0011487	204,3	0,5528	0,0011485	204,3	0,5527
210	0,0011648	214,9	0,5753	0,0011646	215,0	0,5753	0,0011644	215,0	0,5752	0,0011642	215,0	0,5751
220	0,0011817	225,8	0,5975	0,0011815	225,8	0,5974	0,0011812	225,8	0,5973	0,0011810	225,8	0,5973
230	0,0012001	236,7	0,6194	0,0011998	236,7	0,6193	0,0011995	236,7	0,6193	0,0011993	236,7	0,6192
240	0,0012200	247,9	0,6415	0,0012197	247,9	0,6414	0,0012195	247,9	0,6413	0,0012192	247,9	0,6412
250	0,0012419	259,3	0,6636	0,0012415	259,3	0,6634	0,0012412	259,3	0,6633	0,0012409	259,3	0,6632
260	0,0012661	270,9	0,6855	0,0012657	270,9	0,6854	0,0012653	270,9	0,6853	0,0012650	270,9	0,6852
270	0,0012932	282,7	0,7075	0,0012927	282,7	0,7073	0,0012923	282,7	0,7072	0,0012919	282,7	0,7071
280	0,0013240	294,9	0,7297	0,0013234	294,9	0,7296	0,0013228	294,9	0,7294	0,0013222	294,9	0,7293
290	0,0013590	307,6	0,7525	0,0013583	307,6	0,7523	0,0013575	307,6	0,7521	0,0013569	307,5	0,7520
300	0,0014006	320,9	0,7757	0,0013997	320,8	0,7755	0,0013988	320,8	0,7753	0,0013979	320,7	0,7751
310	0,02061	660,4	1,3638	0,01988	657,6	1,3574	0,01918	654,7	1,3510	0,01850	651,7	1,3435
320	0,02189	673,2	1,3853	0,02119	670,9	1,3796	0,02052	668,4	1,3739	0,01985	666,0	1,3681
330	0,02301	684,5	1,4040	0,02232	682,4	1,3989	0,02167	680,4	1,3938	0,02102	678,3	1,3886
340	0,02406	694,7	1,4208	0,02337	692,9	1,4161	0,02273	691,1	1,4114	0,02209	689,2	1,4066
350	0,02504	704,1	1,4359	0,02435	702,5	1,4315	0,02370	700,9	1,4272	0,02307	699,2	1,4228
360	0,02595	712,8	1,4498	0,02526	711,4	1,4457	0,02461	709,9	1,4416	0,02397	708,4	1,4375
370	0,02682	720,9	1,4626	0,02612	719,7	1,4587	0,02546	718,4	1,4549	0,02481	717,0	1,4510
380	0,02764	728,6	1,4746	0,02693	727,4	1,4709	0,02626	726,4	1,4672	0,02561	725,2	1,4636
390	0,02842	736,2	1,4860	0,02771	735,1	1,4824	0,02703	734,0	1,4789	0,02637	733,0	1,4754
400	0,02917	743,4	1,4967	0,02845	742,4	1,4933	0,02777	741,4	1,4899	0,02710	740,4	1,4865
410	0,02990	750,3	1,5070	0,02917	749,4	1,5037	0,02848	748,6	1,5004	0,02781	747,6	1,4971
420	0,03060	757,1	1,5169	0,02987	756,3	1,5137	0,02917	755,5	1,5104	0,02850	754,6	1,5073
430	0,03129	763,8	1,5264	0,03055	763,0	1,5233	0,02984	762,2	1,5201	0,02916	761,4	1,5170
440	0,03197	770,4	1,5357	0,03122	769,6	1,5326	0,03050	768,9	1,5295	0,02981	768,1	1,5264
450	0,03264	776,8	1,5447	0,03188	776,1	1,5416	0,03115	775,4	1,5386	0,03045	774,7	1,5356
460	0,03329	783,1	1,5534	0,03252	782,4	1,5504	0,03178	781,8	1,5474	0,03107	781,1	1,5445
470	0,03393	789,4	1,5619	0,03315	788,7	1,5590	0,03240	788,1	1,5560	0,03168	787,5	1,5532
480	0,03456	795,6	1,5702	0,03377	795,0	1,5673	0,03301	794,4	1,5644	0,03229	793,8	1,5616
490	0,03518	801,7	1,5783	0,03438	801,2	1,5754	0,03362	800,6	1,5726	0,03288	800,0	1,5698
500	0,03580	807,8	1,5863	0,03499	807,3	1,5834	0,03421	806,8	1,5806	0,03347	806,2	1,5779
510	0,03641	813,9	1,5941	0,03559	813,4	1,5913	0,03480	812,9	1,5885	0,03405	812,4	1,5858
520	0,03701	820,0	1,6018	0,03618	819,5	1,5990	0,03539	819,0	1,5962	0,03462	818,5	1,5936
530	0,03761	826,0	1,6093	0,03677	825,5	1,6066	0,03597	825,0	1,6038	0,03519	824,5	1,6013
540	0,03820	832,0	1,6167	0,03735	831,6	1,6140	0,03654	831,1	1,6113	0,03576	830,6	1,6089
550	0,03879	838,0	1,6241	0,03793	837,6	1,6214	0,03711	837,1	1,6187	0,03632	836,6	1,6164

Tafel III. Wasser und überhitzter Dampf (Fortsetzung).

t	105 at $t_s = 313{,}12$			110 at $t_s = 316{,}58$			115 at $t_s = 319{,}92$			120 at $t_s = 323{,}15$		
	v'' 0,01736	i'' 648,9	s'' 1,3352	v'' 0,01637	i'' 646,7	s'' 1,3279	v'' 0,01545	i'' 644,3	s'' 1.3208	v'' 0,01462	i'' 641,9	s'' 1,3138
	v	i	s	v	i	s	v	i	s	v	i	s
0	0,0009950	2,5	0,0001	0,0009948	2,6	0,0001	0,0009945	2,7	0,0002	0,0009943	2,9	0,0002
10	0,0009956	12,4	0,0358	0,0009953	12,5	0,0357	0,0009951	12,6	0,0357	0,0009949	12,7	0,0357
20	0,0009973	22,3	0,0702	0,0009971	22,4	0,0701	0,0009968	22,5	0,0701	0,0009966	22,7	0,0701
30	0,0009999	32,2	0,1035	0,0009997	32,3	0,1034	0,0009995	32,5	0,1034	0,0009993	32,6	0,1034
40	0,0010034	42,2	0,1356	0,0010032	42,3	0,1355	0,0010030	42,4	0,1355	0,0010028	42,5	0,1355
50	0,0010076	52,1	0,1667	0,0010074	52,2	0,1666	0,0010071	52,3	0,1666	0,0010069	52,4	0,1665
60	0,0010124	62,0	0,1969	0,0010122	62,1	0,1968	0,0010119	62,2	0,1968	0,0010117	62,3	0,1967
70	0,0010179	71,9	0,2263	0,0010177	72,0	0,2262	0,0010175	72,1	0,2262	0,0010172	72,2	0,2261
80	0,0010241	81,9	0,2549	0,0010239	82,0	0,2548	0,0010236	82,1	0,2547	0,0010234	82,2	0,2547
90	0,0010308	91,9	0,2828	0,0010306	92,0	0,2827	0,0010304	92,1	0,2826	0,0010301	92,1	0,2825
100	0,0010382	101,9	0,3100	0,0010380	102,0	0,3099	0,0010377	102,0	0,3098	0,0010375	102,1	0,3097
110	0,0010462	111,9	0,3366	0,0010459	112,0	0,3365	0,0010457	112,1	0,3364	0,0010454	112,2	0,3363
120	0,0010548	122,0	0,3625	0,0010545	122,1	0,3625	0,0010542	122,1	0,3624	0,0010540	122,2	0,3623
130	0,0010639	132,1	0,3879	0,0010637	132,2	0,3878	0,0010634	132,2	0,3877	0,0010631	132,3	0,3876
140	0,0010737	142,2	0,4127	0,0010735	142,3	0,4126	0,0010732	142,4	0,4125	0,0010728	142,4	0,4124
150	0,0010842	152,4	0,4370	0,0010839	152,5	0,4369	0,0010836	152,5	0,4367	0,0010832	152,6	0,4366
160	0,0010953	162,6	0,4607	0,0010950	162,7	0,4606	0,0010947	162,7	0,4604	0,0010943	162,8	0,4603
170	0,0011072	172,9	0,4840	0,0011069	173,0	0,4839	0,0011065	173,0	0,4837	0,0011062	173,1	0,4836
180	0,0011199	183,3	0,5071	0,0011195	183,3	0,5069	0,0011191	183,4	0,5068	0,0011188	183,5	0,5066
190	0,0011335	193,8	0,5299	0,0011331	193,8	0,5297	0,0011326	193,9	0,5296	0,0011322	193,9	0,5294
200	0,0011480	204,3	0,5525	0,0011476	204,4	0,5523	0,0011471	204,4	0,5522	0,0011466	204,5	0,5520
210	0,0011637	215,0	0,5749	0,0011631	215,1	0,5747	0,0011626	215,1	0,5745	0,0011621	215,1	0,5743
220	0,0011805	225,8	0,5970	0,0011799	225,9	0,5968	0,0011793	225,9	0,5966	0,0011788	225,9	0,5964
230	0,0011987	236,8	0,6189	0,0011980	236,8	0,6187	0,0011974	236,8	0,6185	0,0011968	236,8	0,6183
240	0,0012184	247,9	0,6419	0,0012177	247,9	0,6407	0,0012170	248,0	0,6404	0,0012163	248,0	0,6402
250	0,0012401	259,3	0,6629	0,0012393	259,3	0,6627	0,0012385	259,3	0,6623	0,0012377	259,3	0,6621
260	0,0012640	270,9	0,6849	0,0012631	270,9	0,6845	0,0012622	270,9	0,6842	0,0012613	270,8	0,6839
270	0,0012907	282,6	0,7068	0,0012896	282,6	0,7064	0,0012886	282,6	0,7061	0,0012875	282,6	0,7057
280	0,0013208	294,8	0,7289	0,0013194	294,7	0,7285	0,0013182	294,7	0,7281	0,0013169	294,6	0,7278
290	0,0013553	307,4	0,7515	0,0013537	307,3	0,7510	0,0013521	307,2	0,7505	0,0013505	307,1	0,7501
300	0,0013957	320,5	0,7746	0,0013937	320,4	0,7739	0,0013917	320,2	0,7734	0,0013897	320,1	0,7729
310	0,001445	334,4	0,7988	0,001442	334,2	0,7980	0,001439	334,0	0,7973	0,001436	333,8	0,7966
320	0,01831	659,5	1,3532	0,01686	652,4	1,3376	0,01548	644,4	1,3210	0,001495	348,6	0,8222
330	0,01949	672,8	1,3755	0,01809	667,0	1,3623	0,01679	660,8	1,3484	0,01557	654,0	1,3340
340	0,02058	684,5	1,3948	0,01920	679,6	1,3828	0,01792	674,4	1,3707	0,01673	668,9	1,3585
350	0,02157	695,0	1,4119	0,02020	690,7	1,4010	0,01893	686,1	1,3900	0,01775	681,4	1,3789
360	0,02247	704,7	1,4273	0,02110	700,9	1,4172	0,01983	696,9	1,4071	0,01866	692,7	1,3969
370	0,02331	713,7	1,4414	0,02193	710,3	1,4320	0,02066	706,7	1,4226	0,01949	703,1	1,4131
380	0,02410	722,2	1,4545	0,02271	719,1	1,4456	0,02144	715,9	1,4367	0,02027	712,6	1,4279
390	0,02485	730,2	1,4667	0,02345	727,4	1,4582	0,02217	724,5	1,4498	0,02099	721,5	1,4415
400	0,02556	737,9	1,4782	0,02415	735,3	1,4700	0,02286	732,7	1,4620	0,02168	730,0	1,4542
410	0,02625	745,3	1,4891	0,02483	742,9	1,4812	0,02353	740,5	1,4735	0,02234	738,0	1,4660
420	0,02692	752,5	1,4995	0,02548	750,3	1,4919	0,02417	748,0	1,4845	0,02296	745,7	1,4772
430	0,02757	759,4	1,5094	0,02611	757,4	1,5021	0,02479	755,3	1,4949	0,02357	753 2	1,4878
440	0,02820	766,2	1,5190	0,02673	764,3	1,5119	0,02539	762,4	1,5049	0,02415	760,4	1,4980
450	0,02881	772,9	1,5283	0,02733	771,1	1,5214	0,02597	769,3	1,5146	0,02472	767,4	1,5079
460	0,02942	779,4	1,5374	0,02791	777,7	1,5305	0,02654	776,0	1,5238	0,02528	774,3	1,5173
470	0,03001	785,9	1,5462	0,02848	784,3	1,5394	0,02709	782,6	1,5329	0,02582	781,0	1,5265
480	0,03059	792,3	1,5547	0,02905	790,7	1,5480	0,02764	789,2	1,5416	0,02635	787,7	1,5354
490	0,03117	798,6	1,5630	0,02960	797,1	1,5565	0,02818	795,7	1,5501	0,02687	794,2	1,5440
500	0,03173	804,8	1,5712	0,03015	803,4	1,5647	0,02871	802,1	1,5584	0,02738	800,6	1,5524
510	0,03229	811,0	1,5792	0,03069	809,8	1,5727	0,02923	808,5	1,5666	0,02789	807,1	1,5606
520	0,03284	817,2	1,5870	0,03122	816,0	1,5806	0,02974	814,8	1,5746	0,02839	813,5	1,5687
530	0,03339	823,3	1,5947	0,03175	822,2	1,5884	0,03025	821,0	1,5824	0,02888	819,9	1,5766
540	0,03393	829,4	1,6022	0,03227	828,3	1,5960	0,03076	827,1	1,5901	0,02937	825,9	1,5843
550	0,03447	835,4	1,6097	0,03279	834,2	1,6035	0,03126	833,1	1,5977	0,02985	832,0	1,5920

Tafel III. Wasser und überhitzter Dampf (Fortsetzung).

t	125 at $t_s = 326{,}27$			130 at $t_s = 329{,}30$			135 at $t_s = 332{,}23$			140 at $t_s = 335{,}09$		
	v'' 0,01384	i'' 639,3	s'' 1,3068	v'' 0,01312	i'' 636,6	s'' 1,2998	v'' 0,01244	i'' 633,9	s'' 1,2929	v'' 0,01181	i'' 631,0	s'' 1,2858
	v	i	s	v	i	s	v	i	s	v	i	s
0	0,0009940	3,0	0,0002	0,0009938	3,1	0,0002	0,0009936	3,2	0,0002	0,0009933	3,3	0,0002
10	0,0009947	12,9	0,0357	0,0009944	13,0	0,0357	0,0009942	13,1	0,0357	0,0009940	13,2	0,0357
20	0,0009964	22,8	0,0701	0,0009962	22,9	0,0700	0,0009960	23,0	0,0700	0,0009958	23,1	0,0700
30	0,0009991	32,7	0,1033	0,0009989	32,8	0,1033	0,0009986	32,9	0,1032	0,0009985	33,0	0,1032
40	0,0010026	42,6	0,1354	0,0010023	42,7	0,1354	0,0010021	42,8	0,1353	0,0010019	42,9	0,1352
50	0,0010067	52,5	0,1665	0,0010065	52,6	0,1664	0,0010063	52,7	0,1664	0,0010061	52,8	0,1663
60	0,0010115	62,4	0,1967	0,0010113	62,5	0,1966	0,0010111	62,6	0,1965	0,0010109	62,7	0,1965
70	0,0010170	72,3	0,2260	0,0010168	72,4	0,2260	0,0010166	72,5	0,2259	0,0010164	72,6	0,2258
80	0,0010232	82,3	0,2546	0,0010229	82,4	0,2545	0,0010227	82,4	0,2545	0,0010225	82,5	0,2544
90	0,0010299	92,2	0,2824	0,0010297	92,3	0,2823	0,0010294	92,4	0,2823	0,0010292	92,5	0,2822
100	0,0010372	102,2	0,3096	0,0010370	102,3	0,3095	0,0010368	102,4	0,3094	0,0010365	102,5	0,3094
110	0,0010452	112,3	0,3362	0,0010450	112,3	0,3361	0,0010447	112,4	0,3360	0,0010444	112,5	0,3359
120	0,0010537	122,3	0,3622	0,0010535	122,4	0,3621	0,0010532	122,5	0,3620	0,0010529	122,6	0,3619
130	0,0010628	132,4	0,3875	0,0010626	132,5	0,3874	0,0010623	132,6	0,3873	0,0010620	132,6	0,3872
140	0,0010725	142,5	0,4123	0,0010723	142,6	0,4122	0,0010720	142,7	0,4120	0,0010717	142,8	0,4119
150	0,0010829	152,7	0,4365	0,0010826	152,8	0,4364	0,0010823	152,8	0,4362	0,0010820	152,9	0,4361
160	0,0010940	162,9	0,4602	0,0010937	162,9	0,4601	0,0010934	163,0	0,4599	0,0010930	163,1	0,4598
170	0,0011058	173,2	0,4835	0,0011055	173,2	0,4833	0,0011051	173,3	0,4831	0,0011047	173,3	0,4830
180	0,0011184	183,5	0,5065	0,0011180	183,6	0,5063	0,0011176	183,6	0,5061	0,0011172	183,7	0,5060
190	0,0011318	194,0	0,5292	0,0011314	194,0	0,5291	0,0011310	194,1	0,5289	0,0011306	194,1	0,5288
200	0,0011462	204,5	0,5518	0,0011457	204,6	0,5516	0,0011453	204,6	0,5514	0,0011448	204,7	0,5513
210	0,0011616	215,2	0,5741	0,0011611	215,2	0,5739	0,0011606	215,3	0,5737	0,0011601	215,3	0,5735
220	0,0011782	226,0	0,5961	0,0011777	226,0	0,5959	0,0011771	226,0	0,5957	0,0011766	226,1	0,5955
230	0,0011961	236,9	0,6180	0,0011955	236,9	0,6178	0,0011949	236,9	0,6176	0,0011943	237,0	0,6174
240	0,0012156	248,0	0,6399	0,0012149	248,0	0,6397	0,0012142	248,0	0,6394	0,0012136	248,0	0,6392
250	0,0012369	259,3	0,6618	0,0012361	259,3	0,6615	0,0012353	259,3	0,6612	0,0012346	259,3	0,6610
260	0,0012603	270,8	0,6836	0,0012594	270,8	0,6833	0,0012585	270,8	0,6830	0,0012576	270,8	0,6827
270	0,0012864	282,5	0,7054	0,0012853	282,5	0,7051	0,0012842	282,5	0,7048	0,0012832	282,5	0,7044
280	0,0013156	294,6	0,7274	0,0013143	294,5	0,7271	0,0013130	294,5	0,7267	0,0013118	294,5	0,7263
290	0,0013489	307,0	0,7496	0,0013474	306,9	0,7492	0,0013459	306,9	0,7488	0,0013443	306,9	0,7484
300	0,0013877	319,9	0,7723	0,0013858	319,8	0,7718	0,0013839	319,7	0,7713	0,0013820	319,5	0,7709
310	0,001433	333,6	0,7960	0,00143	333,4	0,7954	0,001428	333,2	0,7947	0,001426	332,9	0,7942
320	0,001491	348,3	0,8213	0,001487	348,0	0,8204	0,001484	347,7	0,8196	0,001481	347,5	0,8189
330	0,01439	646,6	1,3190	0,01324	638,1	1,3021	0,001557	363,8	0,8468	0,001552	363,3	0,8457
340	0,01561	662,9	1,3459	0,01454	657,0	1,3333	0,01351	650,2	1,3196	0,01252	642,6	1,3048
350	0,01665	676,4	1,3677	0,01562	671,2	1,3563	0,01466	665,8	1,3448	0,01372	660,1	1,3331
360	0,01756	688,4	1,3867	0,01656	683,8	1,3764	0,01561	679,1	1,3661	0,01469	674,3	1,3556
370	0,01840	699,2	1,4038	0,01740	695,3	1,3943	0,01646	691,1	1,3849	0,01557	686,9	1,3753
380	0,01917	709,2	1,4192	0,01817	705,7	1,4104	0,01724	702,0	1,4017	0,01637	698,3	1,3929
390	0,01989	718,5	1,4332	0,01889	715,3	1,4251	0,01795	712,1	1,4170	0,01708	708,7	1,4088
400	0,02057	727,2	1,4462	0,01957	724,4	1,4386	0,01862	721,5	1,4310	0,01774	718,4	1,4233
410	0,02122	735,5	1,4585	0,02021	732,9	1,4512	0,01926	730,3	1,4440	0,01837	727,5	1,4367
420	0,02184	743,4	1,4701	0,02082	741,0	1,4630	0,01986	738,6	1,4561	0,01896	736,1	1,4492
430	0,02244	751,0	1,4810	0,02140	748,8	1,4742	0,02043	746,6	1,4675	0,01953	744,3	1,4610
440	0,02301	758,4	1,4914	0,02196	756,4	1,4848	0,02098	754,3	1,4784	0,02008	752,2	1,4721
450	0,02357	765,5	1,5014	0,02251	763,6	1,4951	0,02152	761,7	1,4888	0,02061	759,8	1,4827
460	0,02411	772,5	1,5110	0,02304	770,7	1,5048	0,02204	768,9	1,4988	0,02112	767,1	1,4928
470	0,02464	779,3	1,5203	0,02356	777,7	1,5142	0,02255	776,0	1,5083	0,02161	774,3	1,5025
480	0,02516	786,1	1,5293	0,02406	784,5	1,5233	0,02304	782,9	1,5176	0,02209	781,3	1,5119
490	0,02567	792,7	1,5380	0,02455	791,2	1,5322	0,02352	789,7	1,5265	0,02256	788,2	1,5210
500	0,02616	799,2	1,5465	0,02504	797,8	1,5408	0,02400	796,4	1,5352	0,02303	794,9	1,5298
510	0,02665	805,7	1,5548	0,02552	804,3	1,5492	0,02446	803,0	1,5437	0,02348	801,6	1,5384
520	0,02714	812,1	1,5629	0,02599	810,8	1,5574	0,02492	809,5	1,5520	0,02392	808,2	1,5467
530	0,02762	818,5	1,5709	0,02645	817,2	1,5654	0,02537	815,9	1,5600	0,02437	814,7	1,5548
540	0,02809	824,8	1,5787	0,02691	823,5	1,5733	0,02582	822,3	1,5680	0,02480	821,1	1,5628
550	0,02856	830,9	1,5864	0,02736	829,8	1,5810	0,02626	828,6	1,5758	0,02523	827,4	1,5706

Tafel III. Wasser und überhitzter Dampf (Fortsetzung).

t	145 at $t_s = 337,86$			150 at $t_s = 340,56$			155 at $t_s = 343,18$			160 at $t_s = 345,74$		
	v'' 0,01121	i'' 628,0	s'' 1,2786	v'' 0,01065	i'' 624,9	s'' 1,2713	v'' 0,01012	i'' 621,7	s'' 1,2639	v'' 0,009616	i'' 618,3	s'' 1,2564
	v	i	s	v	i	s	v	i	s	v	i	s
0	0,0009931	3,5	0,0002	0,0009929	3,6	0,0002	0,0009926	3,7	0,0002	0,0009924	3,8	0,0002
10	0,0009938	13,3	0,0356	0,0009936	13,4	0,0356	0,0009934	13,5	0,0356	0,0009932	13,6	0,0356
20	0,0009956	23,2	0,0700	0,0009954	23,3	0,0700	0,0009952	23,4	0,0699	0,0009950	23,5	0,0699
30	0,0009983	33,1	0,1032	0,0009981	33,2	0,1032	0,0009978	33,3	0,1031	0,0009976	33,4	0,1031
40	0,0010017	43,0	0,1352	0,0010015	43,1	0,1352	0,0010013	43,2	0,1351	0,0010011	43,3	0,1351
50	0,0010058	52,9	0,1662	0,0010056	53,0	0,1662	0,0010054	53,1	0,1661	0,0010052	53,2	0,1661
60	0,0010107	62,8	0,1964	0,0010104	62,9	0,1963	0,0010102	63,0	0,1963	0,0010100	63,1	0,1962
70	0,0010162	72,7	0,2258	0,0010159	72,8	0,2257	0,0010157	72,9	0,2256	0,0010155	73,0	0,2256
80	0,0010223	82,6	0,2543	0,0010221	82,7	0,2543	0,0010218	82,8	0,2542	0,0010216	82,9	0,2541
90	0,0010290	92,6	0,2821	0,0010288	92,7	0,2821	0,0010285	92,8	0,2820	0,0010283	92,9	0,2819
100	0,0010363	102,6	0,3093	0,0010360	102,7	0,3092	0,0010358	102,8	0,3091	0,0010356	102,9	0,3090
110	0,0010442	112,6	0,3358	0,0010439	112,7	0,3357	0,0010437	112,8	0,3357	0,0010434	112,9	0,3356
120	0,0010527	122,6	0,3618	0,0010524	122,7	0,3617	0,0010521	122,8	0,3616	0,0010519	122,9	0,3615
130	0,0010617	132,7	0,3871	0,0010615	132,8	0,3870	0,0010612	132,9	0,3869	0,0010609	133,0	0,3868
140	0,0010714	142,8	0,4118	0,0010711	142,9	0,4117	0,0010708	143,0	0,4116	0,0010705	143,1	0,4115
150	0,0010817	153,0	0,4360	0,0010814	153,1	0,4359	0,0010811	153,1	0,4358	0,0010808	153,2	0,4357
160	0,0010927	163,1	0,4597	0,0010924	163,2	0,4595	0,0010920	163,3	0,4594	0,0010917	163,4	0,4593
170	0,0011044	173,4	0,4829	0,0011041	173,5	0,4827	0,0011037	173,5	0,4826	0,0011033	173,6	0,4825
180	0,0011168	183,7	0,5059	0,0011165	183,8	0,5057	0,0011161	183,9	0,5055	0,0011157	183,9	0,5054
190	0,0011301	194,2	0,5286	0,0011297	194,2	0,5284	0,0011293	194,3	0,5282	0,0011289	194,3	0,5281
200	0,0011444	204,7	0,5511	0,0011439	204,8	0,5509	0,0011434	204,8	0,5507	0,0011430	204,9	0,5506
210	0,0011596	215,3	0,5733	0,0011591	215,4	0,5731	0,0011586	215,4	0,5729	0,0011582	215,5	0,5727
220	0,0011760	226,1	0,5953	0,0011755	226,1	0,5951	0,0011749	226,2	0,5948	0,0011744	226,2	0,5946
230	0,0011937	237,0	0,6172	0,0011931	237,0	0,6169	0,0011924	237,1	0,6166	0,0011919	237,0	0,6164
240	0,0012129	248,0	0,6390	0,0012122	248,0	0,6387	0,0012115	248,1	0,6384	0,0012108	248,1	0,6382
250	0,0012338	259,3	0,6607	0,0012330	259,3	0,6605	0,0012322	259,3	0,6602	0,0012314	259,3	0,6599
260	0,0012567	270,8	0,6824	0,0012558	270,8	0,6822	0,0012549	270,7	0,6819	0,0012541	270,7	0,6816
270	0,0012821	282,5	0,7041	0,0012811	282,5	0,7038	0,0012801	282,4	0,7035	0,0012791	282,4	0,7033
280	0,0013106	294,5	0,7259	0,0013094	294,4	0,7256	0,0013082	294,4	0,7253	0,0013070	294,4	0,7250
290	0,0013428	306,8	0,7480	0,0013414	306,7	0,7476	0,0013399	306,7	0,7472	0,0013385	306,6	0,7468
300	0,0013801	319,4	0,7704	0,0013782	319,3	0,7699	0,0013764	319,2	0,7694	0,0013746	319,1	0,7690
310	0,001424	332,8	0,7936	0,001421	332,6	0,7930	0,001419	332,4	0,7924	0,001417	332,2	0,7919
320	0,001477	347,2	0,8181	0,001474	346,9	0,8173	0,001471	346,7	0,8166	0,001468	346,4	0,8159
330	0,001547	362,9	0,8446	0,001542	362,5	0,8435	0,001537	362,1	0,8425	0,001533	361,7	0,8416
340	0,01156	633,8	1,2881	0,001639	380,5	0,8732	0,001629	379,8	0,8718	0,001621	379,2	0,8705
350	0,01284	654,0	1,3208	0,01198	647,5	1,3079	0,01114	639,8	1,2931	0,01031	630,8	1,2766
360	0,01385	669,2	1,3450	0,01304	663,9	1,3341	0,01227	658,0	1,3222	0,01152	651,8	1,3102
370	0,01473	682,5	1,3657	0,01394	677,9	1,3560	0,01320	673,1	1,3460	0,01249	668,2	1,3360
380	0,01553	694,4	1,3841	0,01474	690,4	1,3753	0,01399	686,3	1,3664	0,01330	682,2	1,3577
390	0,01625	705,3	1,4007	0,01546	701,7	1,3925	0,01470	698,2	1,3843	0,01402	694,7	1,3767
400	0,01691	715,4	1,4157	0,01613	712,2	1,4081	0,01537	709,0	1,4005	0,01469	705,9	1,3935
410	0,01754	724,7	1,4295	0,01676	721,9	1,4223	0,01601	718,9	1,4153	0,01531	716,2	1,4087
420	0,01813	733,6	1,4424	0,01735	731,0	1,4356	0,01660	728,3	1,4289	0,01590	725,8	1,4226
430	0,01869	742,0	1,4545	0,01790	739,6	1,4480	0,01715	737,2	1,4416	0,01645	734,8	1,4355
440	0,01923	750,0	1,4659	0,01843	747,9	1,4597	0,01768	745,6	1,4535	0,01698	743,4	1,4477
450	0,01975	757,8	1,4767	0,01894	755,8	1,4708	0,01820	753,7	1,4648	0,01749	751,6	1,4592
460	0,02025	765,3	1,4870	0,01944	763,4	1,4813	0,01869	761,5	1,4756	0,01798	759,5	1,4701
470	0,02072	772,6	1,4969	0,01992	770,8	1,4913	0,01916	769,0	1,4859	0,01844	767,2	1,4805
480	0,02120	779,7	1,5064	0,02039	778,0	1,5010	0,01961	776,4	1,4957	0,01889	774,7	1,4904
490	0,02166	786,7	1,5156	0,02084	785,1	1,5103	0,02006	783,5	1,5051	0,01932	782,0	1,5000
500	0,02212	793,5	1,5245	0,02128	792,0	1,5193	0,02049	790,5	1,5142	0,01975	789,1	1,5093
510	0,02257	800,2	1,5331	0,02171	798,8	1,5280	0,02092	797,4	1,5230	0,02017	796,0	1,5183
520	0,02300	806,8	1,5415	0,02214	805,5	1,5365	0,02133	804,1	1,5316	0,02057	802,8	1,5269
530	0,02343	813,3	1,5497	0,02256	812,1	1,5448	0,02174	810,8	1,5399	0,02098	809,5	1,5352
540	0,02385	819,8	1,5578	0,02297	818,6	1,5530	0,02214	817,4	1,5481	0,02137	816,2	1,5434
550	0,02427	826,2	1,5657	0,02338	825,0	1,5610	0,02254	823,9	1,5562	0,02176	822,7	1,5515

Tafel III. Wasser und überhitzter Dampf (Fortsetzung).

t	165 at $t_s = 348,23$			170 at $t_s = 350,66$			175 at $t_s = 353,03$			180 at $t_s = 355,35$		
	v'' 0,009136	i'' 614,7	s'' 1,2488	v'' 0,008680	i'' 610,8	s'' 1,2411	v'' 0,008237	i'' 606,8	s'' 1,2332	v'' 0,007809	i'' 602,5	s'' 1,2251
	v	i	s	v	i	s	v	i	s	v	i	s
0	0,0009921	3,9	0,0002	0,0009919	4,0	0,0002	0,0009917	4,2	0,0002	0,0009914	4,3	0,0002
10	0,0009929	13,8	0,0356	0,0009927	13,9	0,0356	0,0009925	14,0	0,0356	0,0009922	14,1	0,0356
20	0,0009947	23,6	0,0699	0,0009945	23,7	0,0698	0,0009943	23,9	0,0698	0,0009941	24,0	0,0698
30	0,0009974	33,5	0,1031	0,0009972	33,6	0,1030	0,0009970	33,7	0,1030	0,0009968	33,8	0,1030
40	0,0010009	43,4	0,1351	0,0010007	43,5	0,1350	0,0010005	43,6	0,1350	0,0010003	43,7	0,1350
50	0,0010050	53,3	0,1661	0,0010048	53,4	0,1659	0,0010046	53,5	0,1659	0,0010044	53,6	0,1659
60	0,0010098	63,2	0,1962	0,0010096	63,3	0,1961	0,0010094	63,4	0,1960	0,0010092	63,5	0,1959
70	0,0010153	73,1	0,2255	0,0010150	73,2	0,2254	0,0010148	73,3	0,2254	0,0010146	73,4	0,2253
80	0,0010214	83,0	0,2541	0,0010211	83,1	0,2540	0,0010209	83,2	0,2539	0,0010207	83,3	0,2538
90	0,0010281	93,0	0,2819	0,0010278	93,1	0,2818	0,0010276	93,2	0,2817	0,0010274	93,2	0,2816
100	0,0010353	102,9	0,3090	0,0010351	103,0	0,3089	0,0010349	103,1	0,3088	0,0010347	103,2	0,3087
110	0,0010432	113,0	0,3355	0,0010429	113,0	0,3354	0,0010427	113,1	0,3353	0,0010425	113,2	0,3352
120	0,0010516	123,0	0,3614	0,0010514	123,1	0,3613	0,0010511	123,1	0,3612	0,0010508	123,2	0,3611
130	0,0010607	133,0	0,3867	0,0010604	133,1	0,3866	0,0010601	133,2	0,3864	0,0010598	133,3	0,3863
140	0,0010702	143,1	0,4114	0,0010700	143,2	0,4113	0,0010697	143,3	0,4111	0,0010694	143,3	0,4110
150	0,0010805	153,3	0,4356	0,0010802	153,4	0,4354	0,0010799	153,4	0,4353	0,0010796	153,5	0,4352
160	0,0010914	163,4	0,4592	0,0010911	163,5	0,4591	0,0010908	163,6	0,4589	0,0010905	163,6	0,4588
170	0,0011030	173,7	0,4823	0,0011027	173,7	0,4822	0,0011023	173,8	0,4820	0,0011020	173,9	0,4819
180	0,0011154	184,0	0,5052	0,0011150	184,0	0,5051	0,0011146	184,1	0,5049	0,0011143	184,2	0,5048
190	0,0011286	194,4	0,5279	0,0011282	194,5	0,5278	0,0011277	194,5	0,5276	0,0011273	194,6	0,5275
200	0,0011426	204,9	0,5504	0,0011422	205,0	0,5502	0,0011417	205,0	0,5500	0,0011412	205,1	0,5499
210	0,0011577	215,5	0,5725	0,0011572	215,6	0,5723	0,0011567	215,6	0,5721	0,0011562	215,6	0,5720
220	0,0011739	226,2	0,5944	0,0011733	226,3	0,5942	0,0011728	226,3	0,5940	0,0011722	226,3	0,5938
230	0,0011913	237,1	0,6162	0,0011907	237,1	0,6160	0,0011901	237,1	0,6157	0,0011895	237,2	0,6155
240	0,0012102	248,1	0,6380	0,0012095	248,1	0,6377	0,0012088	248,1	0,6374	0,0012082	248,2	0,6372
250	0,0012307	259,3	0,6597	0,0012299	259,3	0,6594	0,0012291	259,4	0,6591	0,0012284	259,4	0,6588
260	0,0012532	270,7	0,6813	0,0012523	270,7	0,6810	0,0012514	270,7	0,6807	0,0012506	270,7	0,6804
270	0,0012781	282,4	0,7029	0,0012771	282,3	0,7025	0,0012760	282,3	0,7023	0,0012751	282,3	0,7020
280	0,0013058	294,4	0,7246	0,0013046	294,3	0,7242	0,0013034	294,3	0,7239	0,0013023	294,2	0,7236
290	0,0013370	306,6	0,7464	0,0013356	306,5	0,7460	0,0013342	306,4	0,7456	0,0013329	306,4	0,7453
300	0,0013729	319,0	0,7685	0,0013712	318,9	0,7680	0,0013694	318,8	0,7676	0,0013678	318,7	0,7673
310	0,001415	332,1	0,7913	0,001412	331,9	0,7907	0,001410	331,8	0,7903	0,001408	331,6	0,7898
320	0,001465	346,2	0,8152	0,001462	346,0	0,8145	0,001460	345,8	0,8139	0,001457	345,5	0,8133
330	0,001529	361,4	0,8407	0,001525	361,2	0,8398	0,001521	360,9	0,8389	0,001517	360,6	0,8381
340	0,001614	378,5	0,8691	0,001608	378,0	0,8678	0,001602	377,4	0,8666	0,001596	376,9	0,8654
350	0,00948	620,2	1,2578	0,001742	398,5	0,9008	0,001727	397,3	0,8988	0,001713	396,3	0,8970
360	0,01079	645,0	1,2972	0,01006	637,8	1,2842	0,00933	629,8	1,2699	0,00861	620,2	1,2532
370	0,01180	663,0	1,3254	0,01115	657,5	1,3150	0,01051	651,9	1,3045	0,00989	645,8	1,2933
380	0,01263	677,9	1,3485	0,01199	673,5	1,3397	0,01138	668,9	1,3306	0,01080	664,1	1,3215
390	0,01336	690,9	1,3684	0,01273	687,1	1,3604	0,01214	683,2	1,3523	0,01159	679,2	1,3443
400	0,01403	702,6	1,3860	0,01340	699,2	1,3785	0,01283	695,7	1,3712	0,01228	692,2	1,3639
410	0,01465	713,3	1,4019	0,01402	710,2	1,3947	0,01345	707,1	1,3880	0,01291	703,9	1,3811
420	0,01524	723,2	1,4163	0,01460	720,3	1,4094	0,01402	717,6	1,4031	0,01349	714,6	1,3967
430	0,01579	732,4	1,4295	0,01515	729,9	1,4230	0,01456	727,3	1,4169	0,01402	724,7	1,4109
440	0,01631	741,1	1,4418	0,01567	738,9	1,4357	0,01508	736,5	1,4299	0,01453	734,1	1,4242
450	0,01681	749,5	1,4535	0,01618	747,4	1,4477	0,01558	745,2	1,4422	0,01503	743,0	1,4367
460	0,01730	757,6	1,4646	0,01666	755,6	1,4591	0,01607	753,6	1,4538	0,01550	751,6	1,4485
470	0,01776	765,4	1,4752	0,01712	763,6	1,4699	0,01651	761,7	1,4648	0,01595	759,8	1,4597
480	0,01820	773,0	1,4853	0,01756	771,3	1,4802	0,01695	769,5	1,4752	0,01638	767,8	1,4703
490	0,01863	780,4	1,4950	0,01799	778,7	1,4901	0,01737	777,1	1,4852	0,01679	775,5	1,4805
500	0,01905	787,6	1,5044	0,01840	786,0	1,4996	0,01778	784,5	1,4948	0,01719	782,9	1,4902
510	0,01946	794,6	1,5134	0,01880	793,1	1,5087	0,01817	791,7	1,5041	0,01758	790,2	1,4995
520	0,01986	801,5	1,5221	0,01919	800,1	1,5175	0,01856	798,7	1,5129	0,01796	797,4	1,5085
530	0,02025	808,2	1,5306	0,01958	806,9	1,5261	0,01894	805,6	1,5215	0,01833	804,4	1,5172
540	0,02064	814,9	1,5389	0,01995	813,6	1,5344	0,01931	812,3	1,5299	0,01870	811,2	1,5257
550	0,02102	821,5	1,5470	0,02033	820,3	1,5425	0,01967	819,0	1,5382	0,01905	817,8	1,5340

Tafel III. Wasser und überhitzter Dampf (Fortsetzung).

t	185 at $t_s = 357,61$			190 at $t_s = 359,82$			195 at $t_s = 361,98$			200 at $t_s = 364,08$		
	v'' 0,007396	i'' 598,1	s'' 1,2169	v'' 0,006994	i'' 593,2	s'' 1,2081	v'' 0,00659	i'' 588,1	s'' 1,1985	v'' 0,00620	i'' 582,3	s'' 1,1883
	v	i	s	v	i	s	v	i	s	v	i	s
0	0,0009912	4,4	0,0002	0,0009910	4,5	0,0002	0,0009907	4,6	0,0002	0,0009905	4,7	0,0003
10	0,0009920	14,2	0,0356	0,0009918	14,3	0,0355	0,0009916	14,4	0,0355	0,0009914	14,6	0,0355
20	0,0009939	24,1	0,0698	0,0009937	24,2	0,0698	0,0009933	24,3	0,0697	0,0009933	24,4	0,0697
30	0,0009966	33,9	0,1029	0,0009964	34,0	0,1029	0,0009962	34,2	0,1028	0,0009960	34,3	0,1028
40	0,0010001	43,8	0,1348	0,0009999	43,9	0,1348	0,0009997	44,0	0,1347	0,0009995	44,1	0,1347
50	0,0010042	53,7	0,1658	0,0010040	53,8	0,1657	0,0010038	53,9	0,1657	0,0010036	54,0	0,1657
60	0,0010089	63,6	0,1959	0,0010087	63,7	0,1958	0,0010085	63,7	0,1958	0,0010083	63,8	0,1958
70	0,0010144	73,5	0,2252	0,0010142	73,5	0,2251	0,0010139	73,6	0,2251	0,0010137	73,7	0,2251
80	0,0010205	83,4	0,2538	0,0010203	83,5	0,2537	0,0010200	83,6	0,2536	0,0010198	83,7	0,2536
90	0,0010272	93,3	0,2816	0,0010269	93,4	0,2815	0,0010267	93,5	0,2814	0,0010265	93,6	0,2813
100	0,0010344	103,3	0,3086	0,0010342	103,4	0,3086	0,0010340	103,5	0,3085	0,0010337	103,6	0,3084
110	0,0010422	113,3	0,3351	0,0010420	113,4	0,3350	0,0010418	113,5	0,3349	0,0010415	113,6	0,3348
120	0,0010506	123,3	0,3610	0,0010503	123,4	0,3609	0,0010501	123,5	0,3608	0,0010498	123,6	0,3607
130	0,0010596	133,4	0,3862	0,0010593	133,4	0,3861	0,0010590	133,5	0,3860	0,0010588	133,7	0,3859
140	0,0010691	143,5	0,4109	0,0010688	143,5	0,4108	0,0010685	143,6	0,4107	0,0010682	143,7	0,4106
150	0,0010793	153,6	0,4351	0,0010790	153,7	0,4350	0,0010787	153,7	0,4348	0,0010784	153,8	0,4347
160	0,0010901	163,7	0,4586	0,0010898	163,8	0,4585	0,0010895	163,9	0,4584	0,0010892	163,9	0,4583
170	0,0011016	173,9	0,4817	0,0011013	174,0	0,4816	0,0011009	174,1	0,4815	0,0011006	174,1	0,4814
180	0,0011139	184,2	0,5046	0,0011135	184,3	0,5045	0,0011131	184,4	0,5044	0,0011128	184,4	0,5042
190	0,0011269	194,6	0,5273	0,0011265	194,7	0,5271	0,0011261	194,7	0,5270	0,0011257	194,8	0,5268
200	0,0011408	205,1	0,5497	0,0011404	205,2	0,5495	0,0011400	205,2	0,5493	0,0011395	205,3	0,5492
210	0,0011557	215,7	0,5718	0,0011553	215,7	0,5716	0,0011548	215,8	0,5714	0,0011543	215,8	0,5712
220	0,0011717	226,4	0,5936	0,0011712	226,4	0,5934	0,0011706	226,4	0,5932	0,0011701	226,5	0,5930
230	0,0011889	237,2	0,6153	0,0011883	237,2	0,6151	0,0011877	237,2	0,6149	0,0011871	237,3	0,6147
240	0,0012075	248,2	0,6370	0,0012068	248,2	0,6367	0,0012062	248,2	0,6365	0,0012055	248,2	0,6363
250	0,0012276	259,4	0,6586	0,0012269	259,4	0,6583	0,0012262	259,4	0,6580	0,0012254	259,4	0,6578
260	0,0012497	270,7	0,6801	0,0012489	270,7	0,6798	0,0012480	270,7	0,6795	0,0012472	270,7	0,6792
270	0,0012741	282,3	0,7016	0,0012731	282,3	0,7013	0,0012720	282,3	0,7010	0,0012712	282,2	0,7007
280	0,0013011	294,1	0,7232	0,0013000	294,1	0,7229	0,0012988	294,1	0,7225	0,0012977	294,0	0,7222
290	0,0013315	306,3	0,7449	0,0013301	306,3	0,7445	0,0013288	306,2	0,7441	0,0013274	306,1	0,7437
300	0,0013661	318,6	0,7668	0,0013645	318,5	0,7663	0,0013628	318,4	0,7659	0,0013612	318,4	0,7655
210	0,001406	331,5	0,7893	0,001404	331,3	0,7887	0,001402	331,2	0,7882	0,001400	331,1	0,7878
320	0,001454	345,3	0,8127	0,001452	345,1	0,8120	0,001449	344,9	0,8115	0,001446	344,7	0,8109
330	0,001513	360,3	0,8373	0,001509	359,9	0,8366	0,001506	359,5	0,8360	0,001502	359,2	0,8351
340	0,001590	376,5	0,8643	0,001584	375,9	0,8632	0,001579	375,4	0,8621	0,001573	375,0	0,8611
350	0,001701	395,4	0,8953	0,001690	394,6	0,8936	0,001680	393,8	0,8920	0,001671	393,1	0,8904
360	0,00786	608,3	1,2331	0,00707	594,3	1,2095	0,001870	418,7	0,9316	0,001841	416,6	0,9280
370	0,00929	638,7	1,2806	0,00868	631,0	1,2671	0,00807	621,7	1,2512	0,00745	610,2	1,2315
380	0,01024	658,8	1,3114	0,00970	653,2	1,3013	0,00918	647,1	1,2902	0,00868	640,2	1,2775
390	0,01104	674,9	1,3357	0,01053	670,3	1,3271	0,01003	665,7	1,3183	0,00956	660,7	1,3088
400	0,01176	688,5	1,3562	0,01126	684,6	1,3483	0,01077	680,7	1,3408	0,01031	676,6	1,3327
410	0,01240	700,6	1,3741	0,01190	697,2	1,3669	0,01141	693,7	1,3600	0,01096	690,2	1,3527
420	0,01297	711,6	1,3901	0,01247	708,7	1,3838	0,01199	705,5	1,3770	0,01154	702,4	1,3705
430	0,01350	722,0	1,4047	0,01300	719,3	1,3988	0,01253	716,4	1,3924	0,01208	713,6	1,3865
440	0,01401	731,6	1,4183	0,01351	729,1	1,4126	0,01304	726,5	1,4068	0,01258	724,0	1,4012
450	0,01450	740,7	1,4311	0,01400	738,4	1,4256	0,01352	736,1	1,4203	0,01306	733,7	1,4148
460	0,01497	749,5	1,4432	0,01446	747,3	1,4379	0,01398	745,2	1,4329	0,01352	743,0	1,4276
470	0,01541	757,9	1,4546	0,01490	755,9	1,4496	0,01441	753,9	1,4447	0,01395	751,9	1,4397
480	0,01583	766,0	1,4654	0,01532	764,2	1,4606	0,01482	762,3	1,4558	0,01436	760,5	1,4511
490	0,01624	773,8	1,4757	0,01572	772,1	1,4711	0,01522	770,4	1,4665	0,01475	768,7	1,4619
500	0,01664	781,4	1,4856	0,01611	779,8	1,4811	0,01561	778,2	1,4767	0,01513	776,6	1,4722
510	0,01702	788,7	1,4950	0,01649	787,2	1,4906	0,01598	785,7	1,4863	0,01550	784,2	1,4819
520	0,01739	795,9	1,5041	0,01686	794,4	1,4998	0,01634	793,0	1,4955	0,01586	791,6	1,4913
530	0,01776	802,9	1,5129	0,01722	801,5	1,5087	0,01670	800,2	1,5045	0,01621	798,8	1,5004
540	0,01812	809,8	1,5214	0,01757	808,5	1,5173	0,01705	807,2	1,5132	0,01655	805,8	1,5091
550	0,01847	816,5	1,5297	0,01791	815,3	1,5257	0,01739	814,1	1,5217	0,01689	812,8	1,5176

Tafel III. Wasser und überhitzter Dampf (Fortsetzung).

t	210 at $t_s=368,16$ v'' 0,00539	i'' 568,1	s'' 1,1636	220 at $t_s=372,1$ v'' 0,00449	i'' 547	s'' 1,131	230 at v	i	s	240 at v	i	s
	v	i	s	v	i	s						
0	0,0009900	5,0	0,0003	0,0009896	5,2	0,0003	0,0009891	5,4	0,0003	0,0009887	5,7	0,0003
10	0,0009909	14,8	0,0355	0,0009905	15,0	0,0355	0,0009901	15,2	0,0355	0,0009897	15,5	0,0355
20	0,0009928	24,6	0,0697	0,0009924	24,8	0,0696	0,0009920	25,1	0,0696	0,0009916	25,3	0,0695
30	0,0009956	34,5	0,1027	0,0009952	34,7	0,1026	0,0009947	34,9	0,1025	0,0009944	35,1	0,1025
40	0,0009990	44,3	0,1346	0,0009986	44,5	0,1345	0,0009982	44,7	0,1344	0,0009978	44,9	0,1344
50	0,0010031	54,2	0,1656	0,0010027	54,4	0,1655	0,0010023	54,6	0,1654	0,0010019	54,8	0,1653
60	0,0010079	64,0	0,1956	0,0010075	64,2	0,1955	0,0010071	64,4	0,1954	0,0010067	64,6	0,1953
70	0,0010133	73,9	0,2249	0,0010129	74,1	0,2248	0,0010125	74,3	0,2246	0,0010121	75,5	0,2245
80	0,0010194	83,9	0,2534	0,0010190	84,0	0,2533	0,0010185	84,2	0,2531	0,0010181	84,4	0,2530
90	0,0010260	93,8	0,2812	0,0010256	94,0	0,2811	0,0010251	94,1	0,2809	0,0010247	94,3	0,2807
100	0,0010332	103,7	0,3082	0,0010328	103,9	0,3081	0,0010323	104,1	0,3079	0,0010318	104,3	0,3077
110	0,0010410	113,7	0,3346	0,0010405	113,9	0,3345	0,0010400	114,1	0,3343	0,0010395	114,3	0,3341
120	0,0010493	123,7	0,3605	0,0010488	123,9	0,3603	0,0010483	124,1	0,3601	0,0010478	124,3	0,3599
130	0,0010582	133,8	0,3857	0,0010577	133,9	0,3855	0,0010572	134,1	0,3853	0,0010567	134,3	0,3851
140	0,0010677	143,9	0,4104	0,0010671	144,0	0,4101	0,0010666	144,2	0,4099	0,0010661	144,3	0,4097
150	0,0010778	154,0	0,4345	0,0010772	154,1	0,4342	0,0010766	154,3	0,4340	0,0010760	154,4	0,4338
160	0,0010886	164,1	0,4581	0,0010879	164,2	0,4578	0,0010873	164,4	0,4576	0,0010866	164,5	0,4573
170	0,0011000	174,3	0,4811	0,0010992	174,4	0,4809	0,0010986	174,6	0,4807	0,0010979	174,7	0,4804
180	0,0011121	184,5	0,5039	0,0011113	184,7	0,5037	0,0011106	184,8	0,5034	0,0011099	184,9	0,5031
190	0,0011250	194,9	0,5265	0,0011242	195,0	0,5262	0,0011234	195,1	0,5259	0,0011226	195,2	0,5256
200	0,0011387	205,4	0,5489	0,0011379	205,4	0,5485	0,0011370	205,5	0,5482	0,0011362	205,6	0,5477
210	0,0011534	215,9	0,5709	0,0011524	216,0	0,5705	0,0011515	216,0	0,5701	0,0011506	216,1	0,5698
220	0,0011691	226,5	0,5926	0,0011680	226,6	0,5922	0,0011670	226,6	0,5918	0,0011660	226,7	0,5914
230	0,0011860	237,3	0,6142	0,0011848	237,4	0,6138	0,0011836	237,4	0,6134	0,0011826	237,5	0,6129
240	0,0012042	248,2	0,6358	0,0012029	248,3	0,6353	0,0012016	248,3	0,6348	0,0012005	248,4	0,6343
250	0,0012240	259,4	0,6573	0,0012225	259,4	0,6567	0,0012211	259,4	0,6562	0,0012198	259,5	0,6557
260	0,0012456	270,7	0,6787	0,0012439	270,7	0,6781	0,0012423	270,7	0,6775	0,0012408	270,7	0,6769
270	0,0012693	282,2	0,7001	0,0012674	282,2	0,6994	0,0012656	282,1	0,6988	0,0012638	282,1	0,6982
280	0,0012955	294,0	0,7215	0,0012933	293,9	0,7208	0,0012912	293,8	0,7201	0,0012891	293,8	0,7195
290	0,0013248	306,0	0,7429	0,0013222	305,8	0,7422	0,0013196	305,7	0,7415	0,0013172	305,7	0,7408
300	0,0013580	318,2	0,7646	0,0013549	318,0	0,7638	0,0013518	317,9	0,7630	0,0013489	317,8	0,7622
310	0,001396	331,0	0,7868	0,001392	330,8	0,7859	0,001389	330,6	0,7849	0,001385	330,4	0,7840
320	0,001441	344,4	0,8098	0,001436	344,2	0,8087	0,001432	343,8	0,8075	0,001427	343,6	0,8065
330	0,001495	356,7	0,8338	0,001489	358,3	0,8324	0,001483	357,8	0,8311	0,001477	357,4	0,8298
340	0,001563	374,3	0,8593	0,001554	373,5	0,8575	0,001546	372,8	0,8559	0,001538	372,2	0,8544
350	0,001655	391,8	0,8877	0,001641	390,6	0,8852	0,001629	389,5	0,8829	0,001617	388,5	0,8808
360	0,001798	413,3	0,9227	0,001768	411,0	0,9179	0,001743	409,0	0,9141	0,001722	407,3	0,9108
370	0,00600	580,6	1,1832	0,002085	443,6	0,9689	0,001976	436,7	0,9575	0,001914	432,2	0,9498
380	0,00766	625,4	1,2525	0,00661	606,8	1,2215	0,00545	581,0	1,1798	0,00370	526,0	1,0942
390	0,00865	650,0	1,2895	0,00777	636,8	1,2668	0,00691	622,8	1,2432	0,00603	606,0	1,2155
400	0,00943	667,6	1,3162	0,00860	657,9	1,2981	0,00782	647,2	1,2798	0,00708	635,8	1,2600
410	0,01009	682,7	1,3385	0,00929	674,8	1,3236	0,00855	666,5	1,3083	0,00785	657,7	1,2923
420	0,01069	696,0	1,3576	0,00991	689,3	1,3447	0,00918	682,3	1,3312	0,00851	675,0	1,3175
430	0,01124	707,8	1,3744	0,01046	702,0	1,3626	0,00975	695,7	1,3502	0,00908	689,2	1,3378
440	0,01174	718,6	1,3898	0,01097	713,3	1,3785	0,01026	707,6	1,3670	0,00959	701,7	1,3554
450	0,01221	728,8	1,4041	0,01143	723,8	1,3932	0,01072	718,7	1,3824	0,01006	713,3	1,3717
460	0,01265	738,5	1,4174	0,01186	733,9	1,4071	0,01115	729,1	1,3969	0,01050	724,3	1,3869
470	0,01308	747,8	1,4299	0,01228	743,6	1,4202	0,01156	739,3	1,4105	0,01090	734,8	1,4011
480	0,01348	756,7	1,4417	0,01268	752,8	1,4325	0,01196	748,8	1,4233	0,01129	744,7	1,4143
490	0,01386	765,2	1,4529	0,01306	761,6	1,4441	0,01233	757,9	1,4353	0,01166	754,1	1,4267
500	0,01423	773,3	1,4636	0,01342	770,0	1,4550	0,01268	766,6	1,4466	0,01201	763,1	1,4384
510	0,01459	781,1	1,4736	0,01377	777,9	1,4653	0,01302	774,8	1,4572	0,01234	771,6	1,4493
520	0,01495	788,6	1,4831	0,01411	785,7	1,4751	0,01336	782,6	1,4672	0,01267	779,6	1,4595
530	0,01529	796,0	1,4923	0,01445	793,2	1,4845	0,01369	790,2	1,4767	0,01299	787,4	1,4692
540	0,01562	803,2	1,5021	0,01478	800,5	1,4935	0,01401	797,7	1,4860	0,01331	795,0	1,4787
550	0,01595	810,2	1,5099	0,01510	807,7	1,5023	0,01433	805,1	1,4950	0,01362	802,4	1,4879

Tafel III. Wasser und überhitzter Dampf (Fortsetzung).

t	250 at			260 at			270 at			280 at		
	v	i	s	v	i	s	v	i	s	v	i	s
0	0,0009882	5,9	0,0003	0,0009877	6,1	0,0003	0,0009873	6,4	0,0003	0,0009868	6,6	0,0003
10	0,0009892	15,7	0,0354	0,0009888	15,9	0,0354	0,0009884	16,1	0,0354	0,0009880	16,4	0,0354
20	0,0009912	25,5	0,0695	0,0009908	25,7	0,0695	0,0009904	25,9	0,0694	0,0009900	26,2	0,0694
30	0,0009940	35,3	0,1025	0,0009936	35,5	0,1024	0,0009932	35,7	0,1023	0,0009928	36,0	0,1022
40	0,0009974	45,1	0,1343	0,0009970	45,3	0,1342	0,0009966	45,5	0,1341	0,0009962	45,8	0,1340
50	0,0010015	55,0	0,1652	0,0010011	55,2	0,1651	0,0010007	55,4	0,1650	0,0010003	55,6	0,1649
60	0,0010062	64,8	0,1952	0,0010058	65,0	0,1951	0,0010054	65,2	0,1950	0,0010050	65,4	0,1949
70	0,0010116	74,7	0,2244	0,0010112	74,9	0,2243	0,0010108	75,1	0,2242	0,0010104	75,3	0,2241
80	0,0010176	84,6	0,2528	0,0010172	84,8	0,2527	0,0010168	85,0	0,2526	0,0010164	85,2	0,2525
90	0,0010242	94,5	0,2805	0,0010238	94,7	0,2804	0,0010234	94,9	0,2803	0,0010229	95,1	0,2802
100	0,0010314	104,5	0,3075	0,0010309	104,6	0,3074	0,0010305	104,8	0,3073	0,0010300	105,0	0,3072
110	0,0010391	114,4	0,3339	0,0010386	114,6	0,3337	0,0010381	114,8	0,3336	0,0010376	115,0	0,3334
120	0,0010473	124,4	0,3597	0,0010468	124,6	0,3595	0,0010463	124,8	0,3593	0,0010458	124,9	0,3591
130	0,0010561	134,4	0,3849	0,0010556	134,6	0,3847	0,0010551	134,7	0,3845	0,0010546	134,9	0,3842
140	0,0010655	144,5	0,4095	0,0010649	144,6	0,4093	0,0010644	144,8	0,4091	0,0010639	144,9	0,4088
150	0,0010754	154,6	0,4336	0,0010749	154,7	0,4333	0,0010743	154,9	0,4331	0,0010737	155,0	0,4329
160	0,0010860	164,7	0,4571	0,0010854	164,8	0,4568	0,0010848	165,0	0,4566	0,0010842	165,1	0,4564
170	0,0010972	174,8	0,4801	0,0010966	175,0	0,4799	0,0010959	175,1	0,4796	0,0010953	175,2	0,4794
180	0,0011092	185,0	0,5028	0,0011085	185,2	0,5026	0,0011078	185,3	0,5023	0,0011071	185,5	0,5020
190	0,0011219	195,4	0,5253	0,0011211	195,5	0,5250	0,0011204	195,6	0,5247	0,0011196	195,7	0,5244
200	0,0011354	205,7	0,5475	0,0011345	205,8	0,5472	0,0011337	205,9	0,5469	0,0011328	206,0	0,5466
210	0,0011497	216,2	0,5694	0,0011488	216,3	0,5690	0,0011479	216,3	0,5687	0,0011470	216,5	0,5683
220	0,0011650	226,8	0,5910	0,0011640	226,9	0,5906	0,0011631	226,9	0,5902	0,0011621	227,0	0,5898
230	0,0011815	237,5	0,6125	0,0011804	237,6	0,6121	0,0011793	237,7	0,6116	0,0011782	237,7	0,6112
240	0,0011993	248,4	0,6338	0,0011980	248,5	0,6334	0,0011968	248,5	0,6329	0,0011956	248,6	0,6324
250	0,0012184	259,5	0,6552	0,0012170	259,5	0,6547	0,0012157	259,5	0,6541	0,0012144	259,6	0,6537
260	0,0012392	270,7	0,6764	0,0012376	270,7	0,6758	0,0012361	270,7	0,6752	0,0012347	270,7	0,6747
270	0,0012620	282,1	0,6976	0,0012602	282,1	0,6970	0,0012584	282,1	0,6963	0,0012568	282,0	0,6957
280	0,0012870	293,7	0,7188	0,0012850	293,7	0,7181	0,0012830	293,7	0,7174	0,0012811	293,6	0,7167
290	0,0013148	305,6	0,7400	0,0013125	305,5	0,7393	0,0013102	305,5	0,7385	0,0013080	305,4	0,7378
300	0,0013461	317,6	0,7614	0,0013433	317,5	0,7605	0,0013407	317,4	0,7597	0,0013380	317,3	0,7589
310	0,001382	330,1	0,7830	0,001378	330,0	0,7821	0,001375	329,8	0,7812	0,001372	329,6	0,7803
320	0,001423	343,2	0,8054	0,001418	343,0	0,8043	0,001414	342,7	0,8032	0,001410	342,4	0,8022
330	0,001471	357,0	0,8286	0,001466	356,6	0,8273	0,001460	356,2	0,8261	0,001455	355,9	0,8249
340	0,001530	371,6	0,8528	0,001523	371,1	0,8513	0,001516	370,5	0,8499	0,001510	370,0	0,8484
350	0,001606	387,7	0,8788	0,001596	386,8	0,8768	0,001587	386,0	0,8758	0,001577	385,3	0,8729
360	0,001703	405,8	0,9080	0,001688	404,5	0,9055	0,001673	403,3	0,9021	0,001659	402,2	0,9006
370	0,001868	428,6	0,9441	0,001834	426,0	0,9392	0,001805	423,7	0,9348	0,001779	421,6	0,9310
380	0,00255	468,5	1,0049	0,00230	457,2	0,9869	0,00213	450,7	0,9764	0,00202	446,4	0,9692
390	0,00513	584,6	1,1813	0,00424	556,2	1,1372	0,00347	516,5	1,0763	0,00284	490,5	1,0360
400	0,00637	622,4	1,2378	0,00566	608,1	1,2148	0,00496	591,0	1,1877	0,00427	571,5	1,1571
410	0,00720	647,5	1,2744	0,00656	637,2	1,2577	0,00595	625,8	1,2389	0,00537	613,0	1,2182
420	0,00788	666,7	1,3029	0,00728	658,1	1,2881	0,00671	648,8	1,2723	0,00618	639,0	1,2560
430	0,00845	682,2	1,3249	0,00789	675,1	1,3125	0,00734	667,4	1,2989	0,00684	659,3	1,2852
440	0,00897	695,6	1,3435	0,00841	689,5	1,3328	0,00788	682,8	1,3207	0,00738	676,0	1,3086
450	0,00945	707,8	1,3606	0,00888	702,3	1,3506	0,00836	696,4	1,3396	0,00786	690,4	1,3286
460	0,00989	719,2	1,3766	0,00932	714,2	1,3669	0,00880	708,9	1,3568	0,00831	703,5	1,3467
470	0,01029	730,1	1,3915	0,00973	725,4	1,3821	0,00920	720,6	1,3726	0,00872	715,7	1,3633
480	0,01067	740,5	1,4053	0,01011	736,0	1,3963	0,00958	731,6	1,3873	0,00909	727,2	1,3786
490	0,01104	750,2	1,4182	0,01047	746,1	1,4096	0,00994	742,0	1,4011	0,00945	738,0	1,3928
500	0,01138	759,5	1,4302	0,01081	755,7	1,4220	0,01028	751,9	1,4140	0,00979	748,1	1,4060
510	0,01171	768,3	1,4414	0,01113	764,7	1,4336	0,01059	761,2	1,4259	0,01010	757,6	1,4182
520	0,01203	776,5	1,4519	0,01144	773,3	1,4445	0,01090	770,0	1,4370	0,01040	766,6	1,4296
530	0,01234	784,4	1,4619	0,01175	781,5	1,4547	0,01120	778,4	1,4475	0,01070	775,2	1,4404
540	0,01265	792,1	1,4715	0,01206	789,4	1,4645	0,01150	786,5	1,4575	0,01099	783,5	1,4507
550	0,01296	799,7	1,4809	0,01236	797,1	1,4740	0,01180	794,4	1,4672	0,01128	791,6	1,4606

Tafel III. Wasser und überhitzter Dampf (Fortsetzung).

t	290 at			300 at		
	v	i	s	v	i	s
0	0,0009864	6,8	0,0003	0,0009859	7,1	0,0003
10	0,0009875	16,6	0,0354	0,0009871	16,8	0,0354
20	0,0009896	26,4	0,0693	0,0009892	26,6	0,0693
30	0,0009924	36,2	0,1022	0,0009920	36,4	0,1021
40	0,0009958	46,0	0,1339	0,0009954	46,2	0,1338
50	0,0009999	55,8	0,1648	0,0009995	56,0	0,1647
60	0,0010046	65,6	0,1948	0,0010042	65,8	0,1947
70	0,0010100	75,5	0,2239	0,0010096	75,7	0,2238
80	0,0010159	85,3	0,2523	0,0010154	85,5	0,2522
90	0,0010225	95,2	0,2801	0,0010220	95,4	0,2799
100	0,0010296	105,2	0,3070	0,0010291	105,4	0,3068
110	0,0010372	115,1	0,3332	0,0010367	115,3	0,3330
120	0,0010453	125,1	0,3589	0,0010448	125,3	0,3587
130	0,0010541	135,1	0,3840	0,0010535	135,2	0,3838
140	0,0010634	145,1	0,4086	0,0010628	145,2	0,4084
150	0,0010732	155,2	0,4326	0,0010726	155,3	0,4324
160	0,0010836	165,3	0,4561	0,0010830	165,4	0,4559
170	0,0010946	175,4	0,4791	0,0010940	175,5	0,4789
180	0,0011063	185,6	0,5018	0,0011057	185,7	0,5015
190	0,0011188	195,8	0,5242	0,0011181	195,9	0,5239
200	0,0011320	206,1	0,5462	0,0011312	206,2	0,5459
210	0,0011461	216,5	0,5680	0,0011452	216,6	0,5676
220	0,0011611	227,1	0,5894	0,0011602	227,1	0,5890
230	0,0011771	237,8	0,6108	0,0011761	237,8	0,6103
240	0,0011944	248,6	0,6320	0,0011933	248,6	0,6315
250	0,0012130	259,6	0,6531	0,0012118	259,6	0,6526
260	0,0012331	270,7	0,6741	0,0012317	270,7	0,6736
270	0,0012551	282,0	0,6951	0,0012534	282,0	0,6945
280	0,0012792	293,5	0,7161	0,0012773	293,5	0,7154
290	0,0013058	305,3	0,7371	0,0013036	305,2	0,7364
300	0,0013354	317,1	0,7581	0,0013328	317,0	0,7574
310	0,001369	329,4	0,7794	0,001366	329,2	0,7786
320	0,001406	342,2	0,8012	0,001403	342,0	0,8002
330	0,001450	355,6	0,8237	0,001446	355,3	0,8225
340	0,001503	369,6	0,8470	0,001497	369,1	0,8456
350	0,001568	384,6	0,8711	0,001558	383,9	0,8694
360	0,001647	401,2	0,8982	0,001635	400,2	0,8958
370	0,00176	419,9	0,9273	0,00174	418,4	0,9240
380	0,00195	443,1	0,9629	0,00190	440,2	0,9577
390	0,00248	477,2	1,0147	0,00226	470,2	1,0034
400	0,00361	548,6	1,1215	0,00302	524,5	1,0847
410	0,00481	598,4	1,1950	0,00429	582,2	1,1698
420	0,00567	628,4	1,2385	0,00518	616,8	1,2201
430	0,00635	650,8	1,2706	0,00589	641,5	1,2555
440	0,00692	668,9	1,2962	0,00648	660,8	1,2827
450	0,00741	684,2	1,3175	0,00698	677,4	1,3059
460	0,00786	698,0	1,3364	0,00743	692,2	1,3263
470	0,00826	710,7	1,3536	0,00784	705,7	1,3445
480	0,00864	722,6	1,3695	0,00822	718,1	1,3610
490	0,00900	733,8	1,3843	0,00857	729,5	1,3761
500	0,00933	744,3	1,3980	0,00890	740,2	1,3900
510	0,00964	754,1	1,4106	0,00920	750,3	1,4030
520	0,00994	763,3	1,4224	0,00949	759,8	1,4151
530	0,01023	772,1	1,4335	0,00978	768,9	1,4264
540	0,01051	780,6	1,4440	0,01006	777,6	1,4372
550	0,01080	788,8	1,4539	0,01035	786,0	1,4474

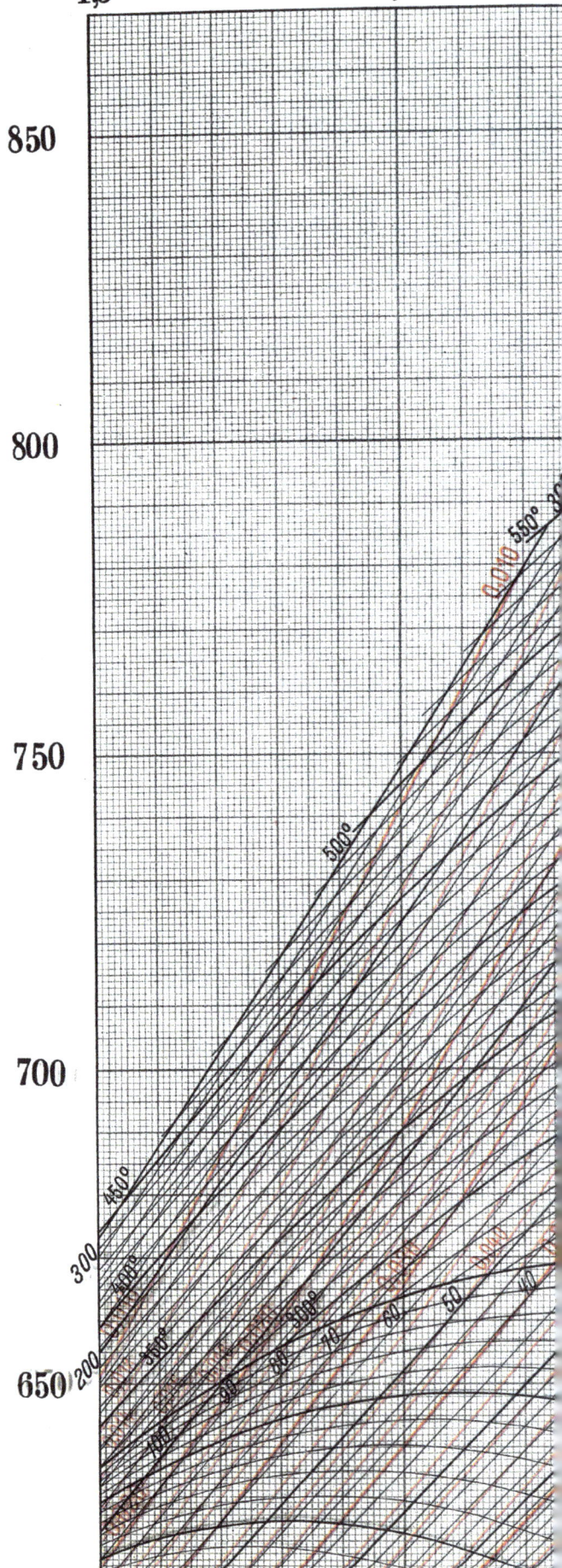

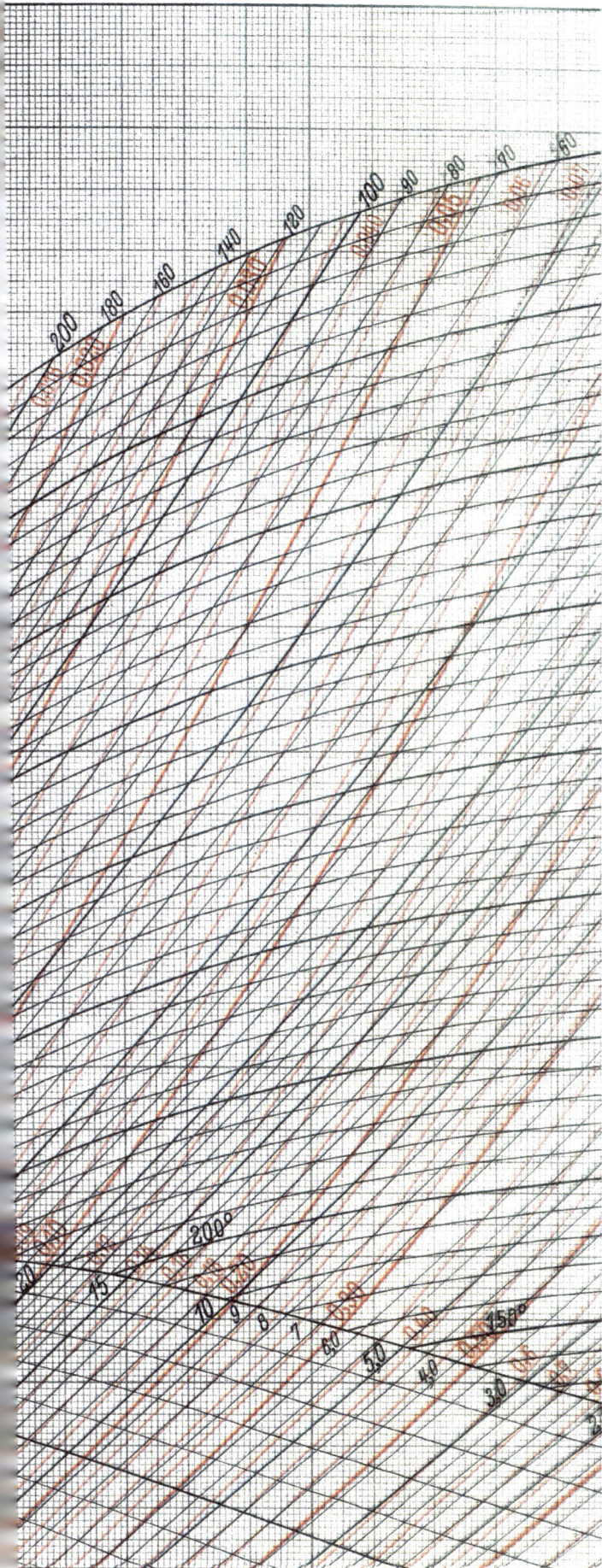

5   1,6

200 180 160 140 120 100 80 70 60

200°
15
10 9 8 7
60
50
40
30
150°

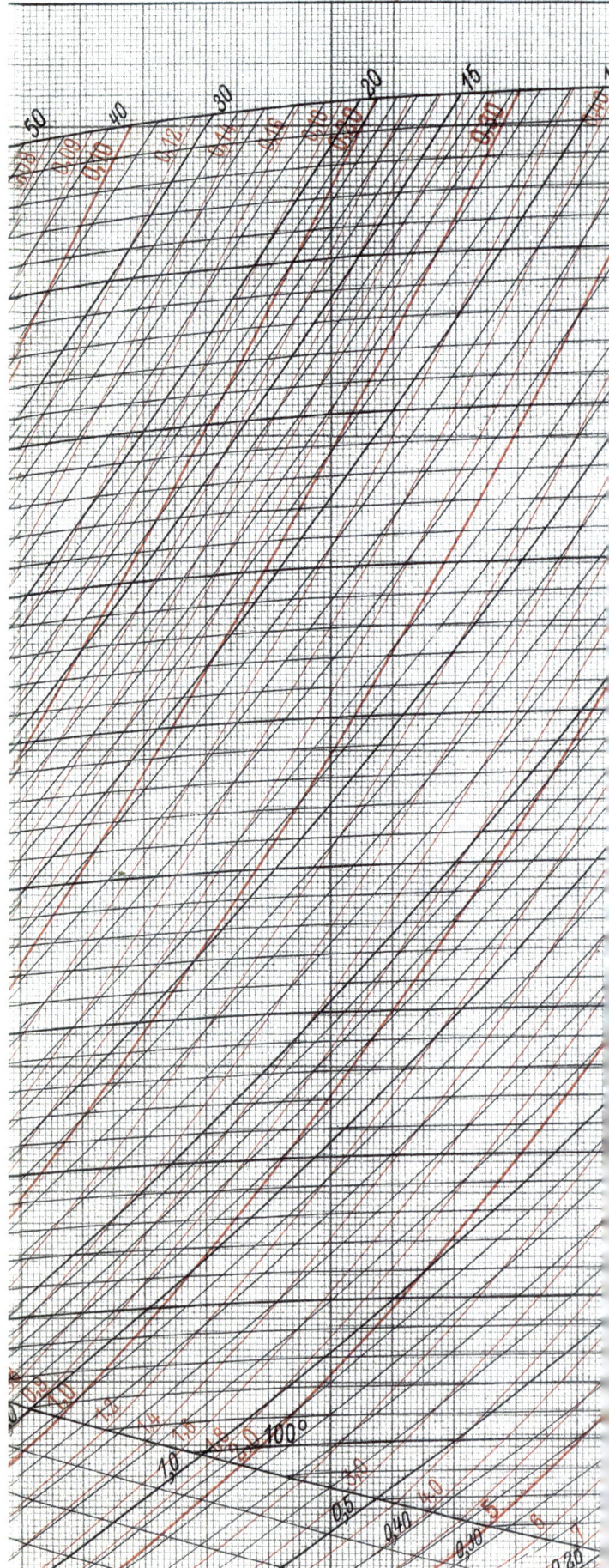

17 1,8

50 40 30 20 15

0.08 0.10 0.12 0.14 0.16 0.18 0.20

0.10 10 100°

1.0 0.5 0.40 0.30 0.20

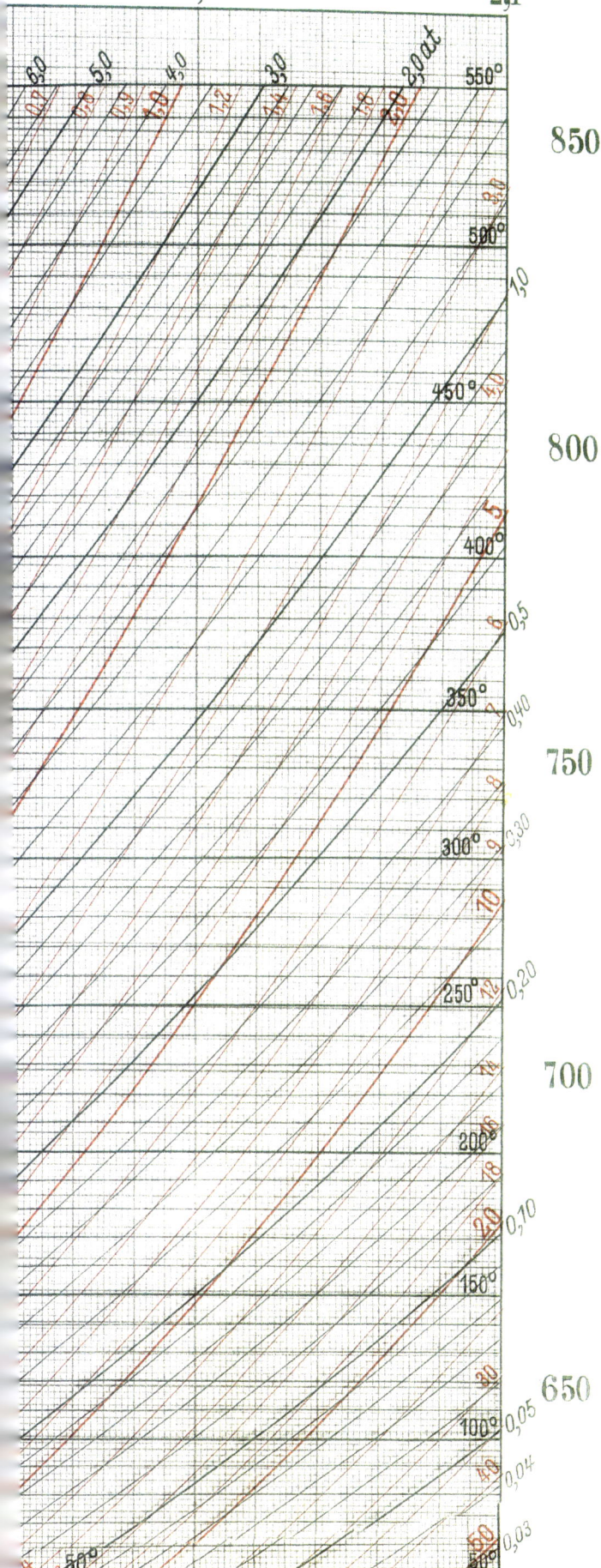

Verlag:
R. Oldenbourg, München
Springer-Verlag, Berlin / Göttingen / Heidelberg

2,0   **2,1**

6,0   5,0   4,0   3,0   2,0 at

0,7 7,8 7,9 7,0   7,2 7,4 7,6 7,8 2,0

550°

850

8,0

500°

7,0

450°   3,0

800

5

400°

6   0,5

350°   0,40

750

8

300°   9 0,30

10

250° 12 0,20

14   **700**

200° 16

18

20   0,10

150°

650

30

100° 0,05

40   0,04

50   0,03

50°   50°

Wärmeinhalt i

600
550
500
450
400

1,3   1,4

Entropie s

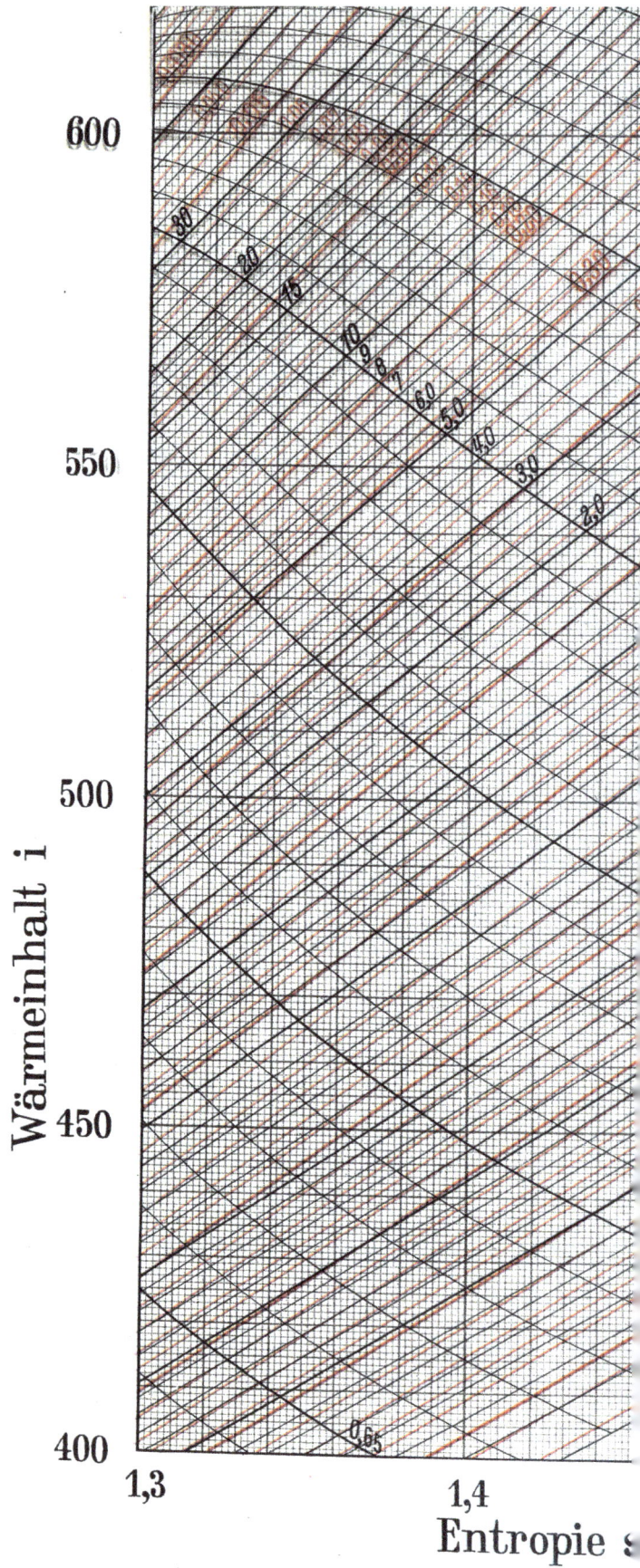

$$w = \sqrt{\frac{2g}{A} \cdot \Delta i} = 91,5\sqrt{\Delta i}$$

Δi kcal/kg	0	1	2	3	4	5	6

$\dfrac{w}{m/s}$ 50   100 120 140   160   180   200   220

1,6

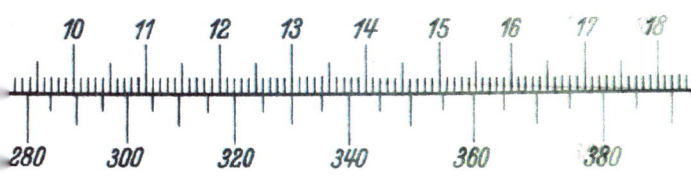

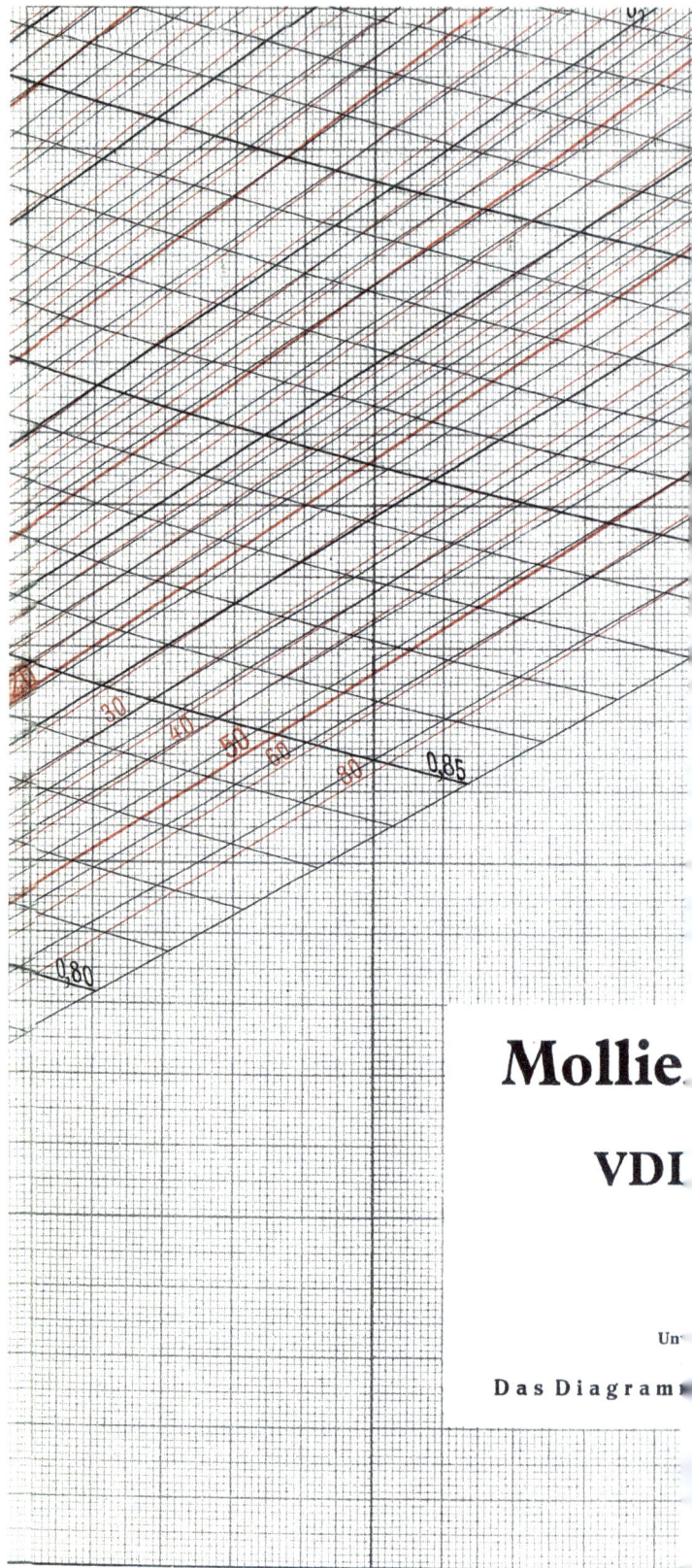

Mollie

VDI

Un

Das Diagram

117   1,8

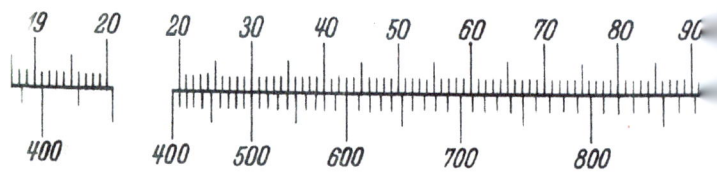

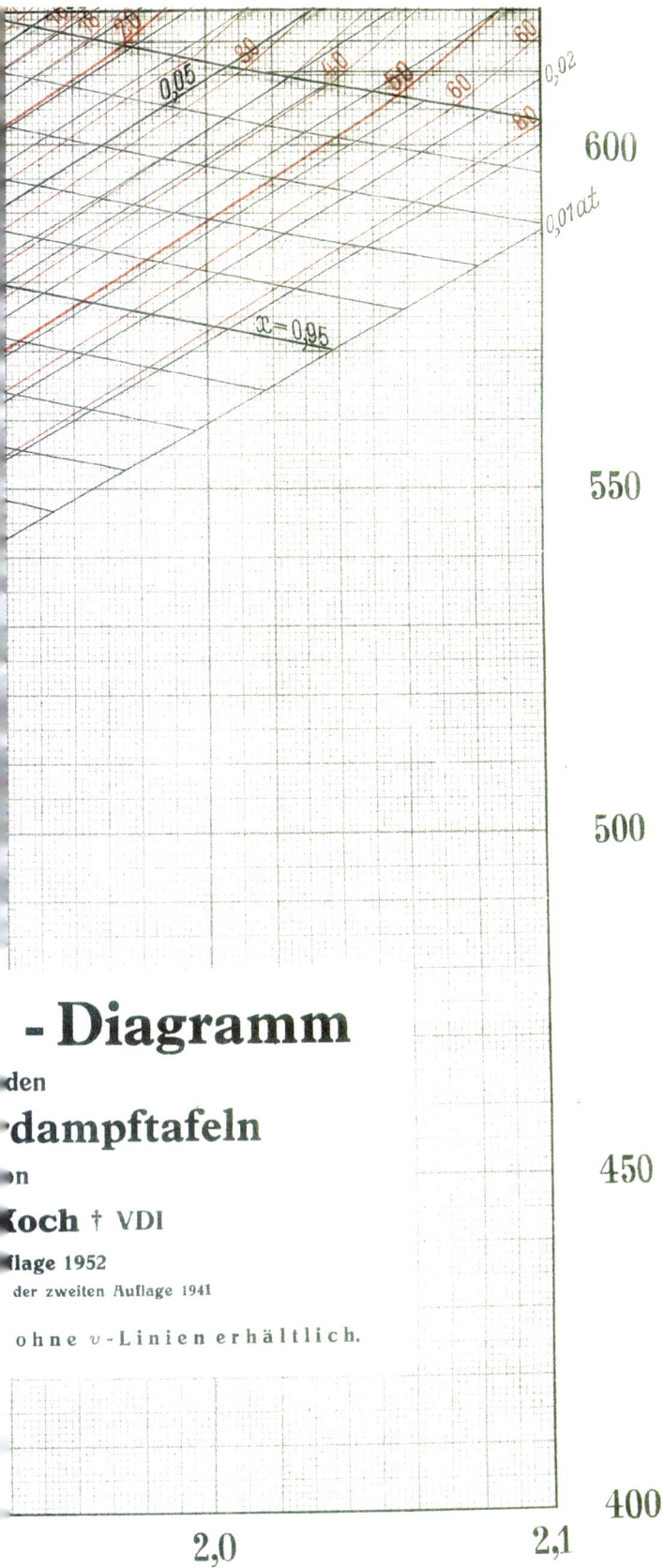

0,02

0,01 at

x = 0,95

600

550

500

- Diagramm

den

dampftafeln

n

Koch † VDI

lage 1952

der zweiten Auflage 1941

ohne v-Linien erhältlich.

450

400

2,0   2,1

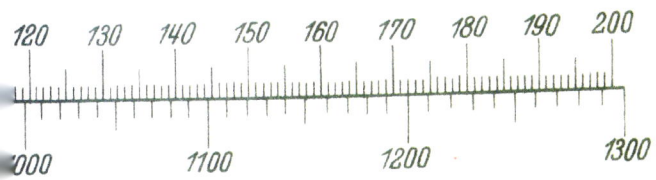

www.ingramcontent.com/pod-product-compliance
Lightning Source LLC
Chambersburg PA
CBHW070244230326
41458CB00100B/6070